土木工程项目管理与实务研究

郭加加　田雨晴　袁　威　著

哈尔滨出版社
HARBIN PUBLISHING HOUSE

图书在版编目（CIP）数据

土木工程项目管理与实务研究 / 郭加加，田雨晴，袁威著. -- 哈尔滨：哈尔滨出版社，2025.1. -- ISBN 978-7-5484-8116-4

Ⅰ.TU71

中国国家版本馆CIP数据核字第202445UH87号

书　　名：土木工程项目管理与实务研究
TUMU GONGCHENG XIANGMU GUANLI YU SHIWU YANJIU

作　　者：郭加加　田雨晴　袁　威　著
责任编辑：张艳鑫
封面设计：蓝博设计

出版发行：哈尔滨出版社（Harbin Publishing House）
社　　址：哈尔滨市香坊区泰山路82-9号　　邮编：150090
经　　销：全国新华书店
印　　刷：永清县晔盛亚胶印有限公司
网　　址：www.hrbcbs.com
E-mail：hrbcbs@yeah.net
编辑版权热线：（0451）87901271　87910272
销售热线：（0451）87900202　87900203

开　　本：787mm×1092mm　1/16　印张：12　字数：260千字
版　　次：2025年1月第1版
印　　次：2025年1月第1次印刷
书　　号：ISBN 978-7-5484-8116-4
定　　价：68.00元

凡购本社图书发现印装错误，请与本社印制部联系调换。
服务热线：（0451）87900279

前言

Preface

土木工程管理是将建筑的设计、规划、建设、竣工、验收等各个环节有机结合起来，实现人与自然的完美融合，全面管理土木工程建设过程的一门综合性学科。随着我国改革开放的深入推进，经济体制发生了巨大变革，土木工程作为建筑工程的重要组成部分，为我国建设事业的快速发展提供了坚实的技术支持。有效的土木工程项目管理标准方法的运用，将有助于提高土木工程项目的管理水平，推动土木工程领域不断向前发展，与时俱进，为经济建设注入新的动力。

本书致力于探讨和解析土木工程项目管理理论与实践，书中囊括了土木工程项目管理的各个重要方面，从理论基础到实际操作，为读者提供了全面、系统的指南。全书分为十章，从土木工程项目管理的基本概念入手，系统地介绍了土木工程项目从策划、实施到竣工验收全过程的管理理论和方法，主要包括工程项目的组织管理、质量管理、进度管理、成本管理、风险管理、合同管理及安全管理等，可以说涵盖了土木工程项目管理的方方面面。并且每一章都以理论为基础，同时注重实务案例的引入，旨在帮助读者更好地理解和应用项目管理的核心原则和方法。无论是从事土木工程项目管理的专业人士，还是学习和研究土木工程项目管理的学生，本书都将成为他们不可或缺的参考指南。

由于时间仓促，水平有限，本书难免会有不足之处，恳请读者批评指正。

目 录
Contents

第一章　土木工程项目管理概述 ··· 1
　第一节　土木工程项目管理的基本概念和原理 ······························· 1
　第二节　土木工程项目管理的重要性和特点 ·································· 6
　第三节　土木工程项目管理中的挑战与趋势 ································ 10

第二章　土木工程项目策划与可行性分析 ······································ 17
　第一节　项目目标和需求定义 ··· 17
　第二节　项目资源调配和时间计划 ·· 22
　第三节　可行性研究和风险评估 ·· 28
　第四节　项目经济性评价和决策分析 ··· 33

第三章　项目组织与团队管理 ·· 38
　第一节　项目组织结构和职责分配 ·· 38
　第二节　团队建设和沟通管理 ··· 43
　第三节　领导和冲突管理 ··· 48
　第四节　项目干系人参与和利益管理 ··· 54

第四章　土木工程项目质量管理 ·· 59
　第一节　质量管理概述 ··· 59
　第二节　质量管理体系的构建与运行 ··· 63
　第三节　质量控制 ·· 67
　第四节　质量管理案例分析 ·· 72

第五章　土木工程项目进度管理 ·· 76
　第一节　项目进度管理的主要内容 ·· 76
　第二节　施工进度计划编制策略与方法 ····································· 79
　第三节　进度管理的检查与调整 ·· 83

  第四节 进度控制案例分析 ··· 87

第六章 土木工程项目成本控制与财务管理 ································ 92
  第一节 成本估算和预算编制 ··· 92
  第二节 成本控制和绩效评估 ··· 99
  第三节 资金筹措和资金管理 ·· 104
  第四节 项目财务报告和审计 ·· 110

第七章 土木工程项目风险管理 ·· 114
  第一节 风险识别和评估 ·· 114
  第二节 风险规避和减轻措施 ·· 121
  第三节 风险监控和应对策略 ·· 127
  第四节 风险文化和知识管理 ·· 131

第八章 土木工程项目合同管理 ·· 135
  第一节 土木工程项目的合同体系 ····································· 135
  第2节 土木工程项目合同管理的内容 ································ 139
  第三节 施工合同的全过程管理 ··· 144
  第四节 合同管理相关文件编写实例 ································· 148

第九章 土木工程项目安全管理 ·· 157
  第一节 安全管理的主要任务 ·· 157
  第二节 安全管理制度与技术措施 ····································· 160
  第三节 安全事故防患与处理 ·· 165
  第四节 工程项目安全施工实例 ··· 169

第十章 土木工程项目竣工验收管理 ··· 175
  第一节 竣工验收管理的目的与重要性 ···························· 175
  第二节 竣工验收的标准与程序 ··· 177
  第三节 土木工程项目的交付与收尾 ································· 182

参考文献 ··· 186

第一章 土木工程项目管理概述

第一节 土木工程项目管理的基本概念和原理

一、项目与项目管理

（一）土木工程项目

土木工程项目是指以土木工程技术为核心，以构筑物或基础设施建设为主要任务的项目。这些项目涉及设计、建造、维护和管理各种基础设施，包括但不限于道路、桥梁、隧道、水利工程、港口、铁路、建筑物等。以下是土木工程项目的一些主要特征。

1. 复杂性

土木工程项目往往涉及复杂的设计、施工和管理流程。各种技术、材料、环境和地质条件等因素的综合考量增加了项目的复杂性。

2. 长周期性

土木工程项目通常需要较长的时间来完成，从规划、设计到实施、验收可能需要数年甚至更长时间。

3. 大规模性

这类项目往往需要大量资源投入，包括资金、人力、物资等。它们的规模较大，对资源的需求量较高。

4. 地域性

土木工程项目常常涉及特定地域的建设，其建设环境、地质条件、气候等因素都会对项目的实施产生影响。

5. 多学科性

土木工程项目往往需要不同学科领域的知识和技能，如土木工程、结构工程、水利工程、环境工程等的交叉融合。

6. 安全性和可持续性要求高

土木工程项目的建设涉及公共安全和环境保护等方面，因此通常对安全性和可持续性的要求较高。

在土木工程项目中，项目管理的重要性尤为突出。有效的项目管理可以帮助确保项目按时、按预算、按质量完成，同时最大限度地优化资源利用、降低风险，并满足相关方的需求和期望。

（二）项目管理

项目管理涵盖以下两个层面：首先，作为一种管理活动，项目管理是根据项目的特征和客观规律，运用系统工程的观点、理论和方法，对项目的全过程进行组织和管理的活动。它涉及从项目的启动、规划、执行、监控到收尾等各个阶段的管理。这种管理活动是针对特定项目的需求和目标，旨在确保项目按时、按预算、按要求完成，同时满足相关方的期望。其次，作为一门管理学科，项目管理是以项目管理活动为研究对象的学科体系。它是对项目组织与管理的理论和方法进行探索与研究的学科，旨在建立和探索项目管理的理论、规律、方法，以推动项目管理领域的发展和创新。

综合这两个层面的含义，可以得到如下概念。

项目管理是一种综合应用现代管理思想和方法的活动和学科，旨在根据项目的特征和客观规律，运用系统工程的观点、理论和方法，对特定项目的全过程进行组织、规划、执行、监控和收尾的管理活动。这种管理涵盖了对项目系统整体的考量，重视系统内部子系统间的关系、要素间的关系以及系统与环境之间的互动。它强调项目作为一个开放系统，与外部环境有着物质、能量和信息的交换，需要动态地控制和调整以确保最终目标的实现。

在这个过程中，项目管理借鉴现代管理理论，运用科学的法规和制度规范组织行为，采用开放系统模式来协调和提高管理组织的效率。同时，利用数学模型、电子计算机技术、管理经验和定量分析与定性分析相结合的手段和方法，实现管理过程的系统化、网络化、自动化和优化，以提高项目管理的科学性和有效性。

二、土木工程项目管理的任务与目标

（一）任务

土木工程项目管理的任务涵盖了项目的整个生命周期，从项目立项到项目完成阶段，需要完成一系列关键任务。

1. 项目规划与启动

这个阶段包括确定项目的范围、目标、可行性研究、资源需求、项目约束条件和项目启动。在这个阶段，需进行项目可行性分析、制订项目管理计划、确定项目团队、明确项目交付成果等任务。

2. 项目执行与控制

这个阶段涉及实际工程施工、资源分配、时间表执行、质量控制、成本控制、风险管理等任务。项目经理需要领导团队成员确保项目按照计划执行，并根据实际情况进行必要的调整与控制。

3. 沟通与团队管理

有效的沟通和团队管理对项目的成功至关重要。项目经理需要建立良好的沟通机制，确保各利益相关方之间的信息流畅，同时管理和协调项目团队，提高团队成员的合作效率和士气。

4. 风险管理

识别、评估和应对项目可能面临的各种风险是项目管理的重要任务。包括制订风险管理计划、执行风险分析和应对策略、及时应对和调整，以最小化风险对项目的不利影响。

5. 质量管理

确保项目交付的成果符合质量标准和客户期望是项目管理的重要任务。包括制订质量管理计划、实施质量控制、监督检查，并不断改进质量管理过程。

6. 项目收尾与交付

在项目接近完成时，需要进行项目验收、交付项目成果、整理项目文件和资料、总结项目经验教训等任务，以确保项目的顺利收尾和成功交付。

这些任务需要项目管理团队和项目经理紧密合作，灵活应对变化，并运用适当的工具和技术来完成项目目标。有效地完成这些任务将有助于实现土木工程项目的成功实施与交付。

（二）目标

土木工程项目管理的目标旨在确保项目按照既定的目标和期望进行规划、实施和交付。

1. 按时完成

项目管理中的首要目标是确保按时完成项目各个阶段和任务，这对于项目成功至关重要。这一目标意味着严格遵循项目计划并有效控制进度，确保项目在既定的时间范围内完成所有工作。这要求项目团队密切关注时间表、时限和关键里程碑，实施有效的时间管理和进度控制。通过制订清晰的时间计划、设定合理的里程碑和目标，项目管理者可以监督和调整项目进度，及时识别潜在的延误并采取措施予以解决。这样做有助于避免延误对整个项目的连锁影响，保持项目在预期时间内顺利推进，提高项目的可控性和成功完成的概率。

2. 按预算完成

项目管理的另一个重要目标是确保项目在既定的预算范围内完成，避免不必要的费用超支。这需要对项目成本进行全面有效的管理和监督。项目团队需要在整个项目生命周期中密切关注成本方面的情况，并对成本进行合理的规划和控制。

3. 高质量交付

土木工程项目管理致力于提供高质量的成果。包括确保工程符合相关的技术、安全和质量标准，以满足客户和利益相关者的期望。

4. 有效利用资源

项目管理旨在最大化资源的利用效率，包括人力、物资、时间和资金等。通过优化资源分配和管理，确保资源的最佳使用来支持项目的顺利进行。

5.满足相关方期望

在项目管理中,满足各利益相关方的期望是至关重要的目标。不同类型的利益相关方在土木工程项目中扮演着不同的角色,对项目的成功实施和完成有着不同的期望和需求。

(1)业主方

业主方期望项目能按时、按预算、按质量完成,达到既定的目标和预期的效益。他们关注项目是否能够满足他们的需求、是否符合他们的期望,以及能否带来预期的投资回报。

(2)设计方

设计方期望其提供的设计能够得到充分理解、实施并得到尊重。他们期望项目团队认可和实施其设计方案,并提供必要的支持和资源,以确保设计方案的有效实施和项目质量的达标。

(3)施工方

施工方期望在工程施工过程中得到充分的支持和资源,确保施工工艺的顺利进行。他们关注项目管理团队对工程施工的安排是否合理,能否保障施工进度和质量,并期望得到及时的支付和合理的合同执行。

(4)供货方

供货方关注项目对材料和设备的需求,并期望项目管理团队提供准确的采购计划和需求预测,以便供应方能够及时提供所需的材料和设备,满足工程进度和质量的要求。

(5)总承包方

总承包方对整个工程项目的综合管理负责,期望能够协调各方资源、控制成本、保障质量,确保整个项目的顺利实施。他们期望项目管理团队能够与他们保持有效沟通,并配合他们的工作,共同完成项目目标。

为了满足以上各方的期望,项目管理团队需要与各利益相关方保持密切沟通,了解并充分考虑他们的需求和期望,建立良好的合作关系,并根据各方的实际情况和关切目标,灵活调整项目管理策略和方法,以最大程度地满足各方的利益和期望,确保项目的成功实施。

三、土木工程项目管理的理论基础

土木工程项目管理的理论基础是多方面的,涉及多个学科和方法。

(一)系统理论

系统理论在土木工程项目管理中扮演着重要角色。它将项目视为一个复杂的系统,由多种相互关联的要素构成,例如人员、资源、技术、环境等。这个理论强调了项目的整体性和动态性,强调了项目与外部环境之间相互依赖的关系。在土木工程项目管理中,这意味着项目管理者需要从全局的角度来思考问题,考虑各要素之间的相互影响和相互作用。

系统理论突出了项目整体性，即项目的各个部分相互关联且不可分割。例如，在一个土木工程项目中，项目进度的变化可能会影响资源的分配，资源的不足可能会影响质量，而质量问题可能会对项目进度和成本造成影响。因此，项目管理者需要从系统的角度审视这些关联，以确保在一个方面的调整不会对其他方面造成负面影响。

另外，系统理论强调了项目与外部环境之间的互动关系。土木工程项目经常受到外部环境因素的影响，比如政策法规变化、自然灾害、市场变化等。项目管理者需要密切关注这些外部因素，并灵活应对，以便调整项目计划和资源分配，确保项目能够适应变化的外部环境。

综上所述，系统理论强调了项目整体性、动态性以及项目与外部环境之间的相互影响。在土木工程项目管理中，理解和应用系统理论有助于项目管理者更全面地把握项目的复杂性，及时做出调整和决策，以确保项目朝着既定目标顺利发展。

（二）规划理论

规划理论着重关注于设定清晰的目标并通过详尽的规划来实现这些目标。

首先，明确定义项目的范围和目标是规划的基础。这涉及确定项目的具体目标、澄清项目的限制条件，以及详细定义项目的范围和预期成果，为整个项目提供了明确的方向和指导。同时，规划理论强调对资源的需求和分配规划。包括对项目执行所需的各种资源进行评估和规划，如人力、物力、资金等，以确保项目在不同阶段具备必要的支持和保障。

其次，规划理论涉及时间表和进度规划。在项目规划阶段，制订详细的时间表、计划和设定关键的里程碑事件是至关重要的。这有助于确保项目在特定时间内达成特定的阶段目标，并最终按时完成。此外，规划理论强调持续优化和调整，认识到规划是一个动态的过程。在项目执行过程中，不断评估和优化计划，并根据实际情况进行调整是至关重要的。这可能涉及对资源分配的调整、时间表的修订，以确保项目的顺利进行，并能够适应变化的环境和需求。

最后，规划理论旨在确保项目按照预定计划和目标有条不紊地进行。通过规划理论的运用，项目管理团队能够明确项目的目标和路径，合理分配资源，管理风险，并在项目执行过程中持续调整和优化计划，从而提高项目成功实施的可能性。规划理论的应用不仅确保了项目按计划顺利进行，也使得项目管理者能够更加灵活地应对挑战和变化，确保最终项目的成功实施和目标的达成。

（三）控制理论

控制理论其核心在于监控项目的进展并在必要时采取纠正措施，以确保项目按计划进行。

首先，控制理论强调设定合适的指标和标准。这些标准通常与项目的目标和计划相关联，涵盖了项目进度、成本、质量和风险等方面。通过设定明确的指标，项目管理团队可以量化和衡量项目执行过程中的表现,并与预期目标进行对比。

其次,控制理论侧重于数据的收集和分析。包括收集实际执行过程中的数据和信息,例如实际成本、进度、质量检查结果等。通过对实际数据与预期指标进行对比分析,可以识别出任何潜在的偏差或问题,从而及时发现项目执行过程中可能存在的挑战和障碍。

控制理论强调了识别偏差并采取纠正措施的重要性。一旦偏差或问题被确认,项目管理团队需要迅速行动,采取纠正措施以调整项目执行方向,使其回归到预期的轨道上。这可能涉及对进度计划的调整、资源重新分配、风险管理策略的变更等。

(四)风险管理理论

风险管理理论关注于识别、评估和应对项目中的各种风险。项目管理需要预测并应对可能出现的风险,采取措施减少负面影响,并利用积极风险来提高项目绩效。

这些理论基础共同构成了土木工程项目管理的理论框架,帮助项目管理者更好地理解和应对项目管理中的挑战,指导他们制定有效的管理策略和方法,以确保项目的成功实施。

第二节 土木工程项目管理的重要性和特点

一、土木工程项目管理的重要性

(一)加强施工的管理

土木工程项目的施工管理是确保项目顺利进行的关键环节。由于土木工程施工的范围广泛、系统复杂,因此在施工过程中可能出现的问题更为多样化和复杂化。为了确保每个施工项目都能成功完成,施工过程的有效管理至关重要。项目管理系统是一个复杂的整体,它对施工进行监督和检查,有助于提高施工的进度和质量安全性。在土木工程项目管理中,首要任务是通过详细的计划来全面管理施工全过程。包括对人员、施工材料的选择、成本控制以及施工保护措施的安全性建立完善的管理体系,以严格把关,及时解决施工可能出现的问题,确保项目按计划进行。此外,完善相关制度、为员工提供必要的专业培训,实现分工的公平合理,并确保任务零失误,都是至关重要的步骤。同时,加强施工过程中的风险意识也十分重要。及时解决常见的施工问题有助于避免工期延误,提高施工效率。施工效率问题不仅影响企业自身的效益和实力,还直接关系到提升企业竞争力的关键因素。以往的案例表明,管理不善会导致施工现场混乱、设备摆放不当等问题频发,给工程带来困难,同时也给企业和社会带来负面影响。科学合理的项目管理能够避免这些问题,提高施工效率,有助于提升企业的市场竞争力。

(二)提高施工的质量

在建筑工程中,质量始终是首要考虑的因素。土木工程施工质量直接影响着建筑物的稳固性、使用寿命以及内部居住者的安全。确保施工质量不仅是对工程的保障，更是对人民生命和财产的保护，对企业在社会中立足的重要基础。在确保质量的过程中，施工环境、施工技术、施工材料和管理制度都扮演着至关重要的角色。

施工环境的良好与否直接影响着施工的有序进行。恶劣的环境可能导致出现混乱施工、工具无法正确使用等问题。因此，重视施工现场的整洁、有序是确保质量的第一步。此外，施工技术和材料选择同样至关重要。技术的先进性和材料的质量直接决定了工程的品质。合理的施工技术能够提高工程质量，选择优质的材料能够保证工程的稳定性和耐久性。

为了有效应对这些影响施工质量的因素，科学的项目管理显得尤为关键。在这个过程中，与承包商合作共同监督是非常必要的。通过全面检查和及时发现问题，并制定有效的解决方案来提高施工的质量。在项目管理中，例如总承包项目管理与土木施工相结合，可以制定详细的流程，下发给施工人员，并要求按照计划进行施工。此外，灵活设计施工内容、合理选择材料，并全程把控，是确保施工质量的有效途径。这种全程监管能有效降低质量问题导致的事故发生概率，合理控制材料成本，保证资源的科学利用。

（三）节约施工成本

随着社会经济发展，建筑项目的数量不断增加，建筑行业的投资也随之增大，然而这也带来了一系列突出的问题。因此，在项目管理中，需要全面考虑各个方面，确保每个项目的建设都在合理范围内进行，各环节之间无法拆分或分割，以保证工程各部分衔接顺畅。

施工企业、承包商以及业主都希望在项目中实现利益最大化，减少不必要的资金投入。为此，可以商议制定详细的解决方案，涵盖材料和施工预算，以及处理施工过程中可能出现的偏差等情况。这样可避免资金问题导致工期暂停或无法完成的情况发生。

另外，为预防偷工减料、资金挪用等不良行为的发生，管理人员应主动承担监督责任。监督施工过程，备份施工企业的社会声誉和以往项目的调查情况，对于出现问题的人员及企业采取解聘或公开处理的方式，以防止资金缺失或困难的突发情况。

因此，在土木工程中，成本核算是极其重要且不可忽视的。通过严格的管理，实现企业经济效益的合理化。只有在全面考虑各个方面、严格管理的情况下，才能确保土木工程在成本控制方面取得合理的经济效益。

（四）控制风险事故的发生

项目管理在控制风险事故方面发挥着至关重要的作用。它不仅仅是对项目各个方面的协调和监督，更是通过规划、执行和监控，以及对潜在风险的评估和管理，有能力降低事故发生的可能性。项目管理确保了项目团队对潜在风险的全面认识，并在整个项目周期中采取相应措施来规避、减轻或处理这些风险。这种系统化的方法使得在施工阶段和工程生命周期中更好地控制风险，最终确保项目的成功完成。

(五)促进建筑企业的发展

土木工程的施工质量对建筑企业的发展至关重要。它不仅是企业市场竞争的标志,更是企业声誉和技术水平的直接体现。优质的建筑工程不仅仅是一项完美的结构,更代表着企业对工程施工的认真态度和专业水平。如果建筑项目频繁出现质量问题,企业在市场中的信誉将受到严重影响,对企业的长期发展带来不利影响。反之,若建筑质量出色、成本合理,将提升企业在市场中的核心竞争力,有助于实现企业的可持续发展。

良好的施工质量代表着企业的专业性和技术实力,对企业的声誉至关重要。在竞争激烈的市场中,企业需要不断提升工程质量,确保项目的可靠性和持久性。优秀的工程质量不仅能满足客户需求,也体现了企业对技术创新和质量管理的重视,为企业赢得更多项目和客户信任。

另外,良好的施工质量也会提高企业的竞争力。客户通常倾向于选择声誉良好、质量可靠的建筑企业,这将为企业带来更多商机和项目。优质的工程不仅是对技术能力的展示,也是对企业管理水平和专业素养的体现,从而提升企业的品牌价值和市场地位。

二、土木工程项目管理的特点

(一)目标的明确性

土木工程项目管理的特点之一是目标的明确性。这一特点是由土木工程项目的本质决定的。在土木工程项目中,无论是基础设施、建筑还是其他工程,都存在明确的建设目标和指标。这些目标包括但不限于工程完成的时间期限、投资限额、质量标准以及功能要求。

工程项目管理涉及的各方利益相关者,包括业主、监理方、设计者、承包商和供应商等,都对工程项目的各项限制条件有明确的期望和要求。这些限制条件涵盖了工期、预算、质量、功能等方面。比如,业主期望工程在特定时间内完成、符合特定的质量标准,并具备特定的功能。

项目管理的目标就是在这些限制条件的约束下,确保工程按时完成、在预算范围内、符合质量标准,并满足预期的功能要求。因此,项目管理人员需要明确了解并遵循这些目标,以确保项目在整个生命周期内达到各项指标。

有效的项目管理涉及制订清晰的计划和目标,确保所有参与者了解并共同努力实现这些目标。通过设定明确的目标和限制条件,项目管理可以更好地引导工程项目的方向,协调各方利益,最终实现项目的顺利完成。

(二)责任的明确性

责任的明确性在土木工程项目管理中至关重要。它涉及合同签订和项目管理组织的构建,旨在确保各方明确自身责任、义务,并相互监督和促进合同的履行,以及有效实现项目目标。

首先,在签订工程建设合同时,需要确保合同内容严谨合理,明确各方责任和义务。

合同应涵盖监理委托、设计委托、施工承包等内容，明确各方在项目实施过程中的角色和责任。此外，要加强对合同履行过程中的监督和相互促进，以确保各方全面履行合同内容。

其次，在项目管理组织机构的建设中，需要根据实现项目目标和任务的需要，合理设置部门和岗位，并明确规定各个部门和岗位的职责和任务。为确保责任落实，必须赋予相关岗位必要的权力，并确立明确的工作制度。这有助于形成一支精干高效的项目管理团队，有效推动工程项目的顺利实施。

严格履行合同，建立高效的项目管理组织是确保土木工程项目成功完成的重要保障措施。对合同的明确和严格执行，以及清晰明确的项目管理组织结构和职责分工，可以有效防范和化解项目执行过程中可能出现的问题，确保项目按时、按质、按量完成。

（三）管理的复杂性

首先，土木工程项目管理涉及项目发展的整个周期，从项目选择、论证、决策到设计、招投标、建设安装，再到项目运营和后评价，时间跨度长且涉及多个阶段。这要求管理人员在不同阶段兼顾各方利益和项目整体目标，对项目进行全方位、长周期的有效管理。

其次，参与工程项目管理的主体多样化，包括业主及其管理团队、监理公司、设计者、工程承包商、供应商，还有政府监管部门和其他相关单位。这些主体拥有各自的利益和立场，导致管理和协调变得更加复杂。不同利益之间可能存在冲突，需要平衡和妥协，以确保项目顺利进行。

再次，现代工程项目技术内容复杂，管理涵盖质量、进度和成本控制，以及项目组织、合同和信息管理等多个方面。这种综合性管理要求管理人员具备多方面的技能和知识，并能在复杂的环境中做出合适的决策。

最后，工程建设项目的一次性和固定性使其与一般工业产品生产不同。工程施工受气候、水文、地质等因素影响较大，项目设计通常单一，无法像工业产品一样批量生产。这增加了项目的不确定性和管理难度，需要管理人员能够应对各种突发情况和风险。

（四）管理的科学性

土木工程项目管理借鉴系统理论和现代管理原则构建了科学的管理组织和运作机制。

首先，项目管理以系统理论为基础，将项目视为开放系统，强调系统的动态调整和控制以实现系统目标。系统理论提供了管理的理论基础，使得项目管理不仅仅是线性的任务执行，而是一个能够灵活应对变化的动态过程。

其次，现代化的项目管理组织建立在系统理论和现代组织理论的基础上。这种组织能够合理确定组织功能和目标，有效地组织和协调内外部各种关系，提高管理效率，确保项目目标的实现。这种结构使得项目管理能够更好地适应快速变化的环境，提高灵活性和应变能力。

最后，工程项目管理还运用了现代化管理理论、方法和工具，如技术经济学、投资学、控制论和信息论等。这些理论和方法指导和支持项目管理活动的进行。计算机技术在信息存储、处理和决策优化方面发挥着重要作用，项目管理软件如微软的 Project 软件包广泛应用于工程项目中，提高了项目规划和控制的效率。

最重要的是，互联网和大数据等新技术的应用为项目管理带来了革命性变革。它们加强了工程信息的获取和交流，提升了管理的决策支持能力。这些技术为项目管理提供了更广阔的信息网络，帮助管理人员更准确地分析数据和趋势，从而更好地指导项目决策和规划。

综上所述，工程项目管理的科学性基于系统理论和现代管理原则，利用现代化管理组织、理论、方法和工具，结合新技术的应用，使得项目管理更加科学、高效和适应变化，以更好地实现项目目标和成功完成项目。

第三节 土木工程项目管理中的挑战与趋势

一、土木工程项目管理中的挑战

（一）技术挑战

新技术的快速涌现对土木工程管理带来了一系列的技术挑战。

首先，随着智能化和数字化技术的广泛应用，土木工程管理需要适应智能建筑系统和先进的信息技术。这涵盖了从建筑信息模型（BIM）的使用到大数据分析、物联网技术的整合，要求工程管理团队具备对这些新技术的深刻理解，以便更好地规划、监控和协调项目进展。

其次，可持续性设计和绿色建筑标准的普及也是一项重要的挑战。土木工程管理需要考虑如何整合可再生能源、减少能源消耗，并在项目中采用环保材料。这要求项目管理者在制订项目计划和预算时，充分考虑可持续性因素，确保项目符合当今社会对环保和可持续发展的要求。

再次，新材料的广泛应用也对土木工程管理提出了挑战。项目管理者需要了解不断涌现的先进材料，并在项目中合理选择和应用这些材料。这可能涉及与供应商的紧密合作，以确保新材料的可靠性和符合项目的技术要求。

最后，数字化工程的推动也对土木工程管理提出了新的要求。项目管理团队需要学会利用 BIM 等数字化工具，以提高设计和施工的协同效率，减少误差和冲突。虚拟现实和增强现实技术的应用也成为项目培训和问题预防的重要手段，要求管理者关注这些新工具的实际应用。

（二）成本压力

成本控制是土木工程项目管理中一个极为重要的方面，项目团队需要在全球市场竞争激烈的背景下面对多重的成本挑战。

首先，材料成本的波动是一个关键因素。由于建筑材料的价格可能受到全球市场供需、原材料价格和运输成本等多方面因素的影响，项目管理者需要谨慎监控材料市场的动态，及时做出调整，采用更具成本效益的材料。

其次，人力成本也是一个不可忽视的挑战。招募、培训和保留高素质的工程团队对于项目的成功至关重要，但这也可能导致人力成本的增加。在全球范围内，项目管理者需要谨慎制定薪酬政策，同时关注当地的劳动力市场，以确保项目在人力资源方面保持竞争力。

技术成本是另一个成本压力的来源。随着新技术的应用，项目管理团队需要不断更新设备和软件，以保持在行业内的竞争力。这可能涉及新技术的培训费用、软硬件的采购和维护成本。在此情况下，项目管理者需要精细管理技术投资，确保其对项目的长期效益。

为应对这些挑战，土木工程项目管理团队可以采取一系列措施。制订详细的成本估算和预算计划，确保充分考虑到材料、人力和技术等方面的成本。与供应商建立紧密的合作关系，以获取有竞争力的价格和及时的供货。此外，优化项目管理流程，提高工程效率，通过创新和技术提升降低整体成本。

在成本压力下，土木工程项目管理需要在保证项目质量的前提下，通过科学的成本控制手段，确保项目能够在市场上取得竞争优势，实现可持续的发展。

（三）项目复杂性和规模

土木工程项目的复杂性和规模是项目管理中的重要挑战之一。

首先，地质条件的不确定性对项目产生深远影响。不同地区的地质情况差异巨大，包括土壤类型、地下水位等。这种地质的多样性可能导致设计和施工中需要采用不同的工程方案，以适应不同的地质条件，增加了项目的技术难度和风险。

其次，气候影响也是一个重要的复杂性因素。气候条件的变化可能对土木工程产生显著的影响，如极端天气事件、季节性气候变化等。这对工程进度、材料的选择以及安全性等方面提出了额外的要求，需要在项目管理中谨慎考虑和规划。

工程设计的复杂性是另一个需要克服的挑战。大型土木工程项目通常需要由多个专业领域的工程师协同合作，确保整个设计满足技术和安全要求。设计阶段的复杂性涉及多学科的协同工作、设计变更的管理以及各项设计参数的优化。

项目执行方面，规模的庞大也增加了施工和监理的难度。施工现场的管理、物资供应、人员协调等方面都需要更为细致的计划和执行。监理和质量控制的难度也随着项目规模的增加而提高。

在面对这些复杂性和规模挑战时，土木工程项目管理需要注重团队协作、信息共享以及高效的沟通。采用先进的项目管理工具和技术，如建筑信息模型（BIM）、远程监测等，可以有效提升项目管理的水平。此外，建立灵活的项目管理计划，充分考虑到地质、气候等因素，是成功处理项目复杂性和规模挑战的关键。

(四)合规性和安全挑战

合规性和安全挑战是土木工程项目管理中不可忽视的方面。

首先,严格的法规和合规性标准对项目的设计、施工和运营都提出了严格要求。这可能涉及土地使用规划、环境影响评估、建筑许可和其他相关法规的遵守。项目管理团队需要花费额外的时间和精力来确保项目的每个阶段都符合适用的法规和合规性标准,以避免可能的法律责任和项目延误。

其次,施工安全是土木工程项目中的关键问题。大型项目通常涉及高度危险的施工现场,例如高空作业、大型机械操作等。管理团队需要制订和执行严格的安全计划,确保所有工作人员和相关方都能够在安全的环境中工作。培训、监测和应急响应都是施工安全管理的关键环节,但这也可能增加项目的成本和时间。

环境保护是另一个合规性挑战。项目在进行过程中需要采取措施以减少对周围环境的不良影响,包括废物处理、水资源管理和植被保护等。这些环保要求可能需要额外的投资和技术支持,以确保项目的可持续性和社会责任。

在面对这些挑战时,项目管理团队可以采取一系列措施。建立专门的合规和安全管理团队,负责跟踪和执行相关法规和标准。定期进行培训,确保项目团队对安全和合规性要求有清晰的了解。利用先进的监测技术,如传感器和监控系统,提高对施工现场的实时监测,及时发现和应对潜在的安全风险。最后,与利益相关方和监管机构保持密切沟通,确保项目的合规性和安全性能够得到认可。

总体而言,合规性和安全挑战要求土木工程项目管理团队在整个项目周期中都保持高度的警觉性和负责任态度,以确保项目在法规、合规性和安全方面取得成功。

(五)全球化竞争

全球化竞争对土木工程项目管理提出了一系列新的挑战,要求项目管理者具备更高水平的创新性和国际化视野。

首先,不同国家和地区的文化差异成为一项需要克服的挑战。土木工程项目通常涉及多国参与,项目管理者需要理解并尊重不同文化之间的差异,以确保项目团队的协作和沟通更加顺畅。这可能包括语言、工作方式、沟通风格等多方面的考虑,要求项目管理者具备跨文化团队管理的能力。

其次,国际法规和标准的不同也是全球化竞争中的一个难题。项目管理者需要熟悉并遵守不同国家和地区的法规,确保项目在全球范围内的合规性。这可能涉及建筑设计、环保标准、安全规范等方面的差异,要求项目管理者具备国际法律和规范的综合素养。

最后,市场的多样性和竞争加剧也是全球化竞争的一个方面。项目管理者需要更灵活地制定市场策略,了解各个市场的需求和竞争环境,以更好地适应全球市场的动态变化。这可能包括对项目定位、定价策略和市场营销的精细规划,以提高项目在国际市场上的竞争力。

在应对全球化竞争的挑战时,项目管理者可以采取一系列策略。制订跨文化的团队培训计划，提高团队成员的跨文化沟通和合作能力。建立国际化的法规和标准管理体系，确保项目在全球范围内合规运作。加强市场调研和战略规划，灵活调整项目的定位和策略，以更好地适应不同国家和地区的市场需求。

总体而言，全球化竞争对土木工程项目管理提出了新的挑战，也为项目带来了更广阔的发展机遇。通过适应不同文化、法规和市场的挑战，项目管理者能够更好地在全球竞争中取得成功。

综合来看，土木工程项目管理面临着来自技术、成本、资源、环境、安全等多个方面的挑战。有效地应对这些挑战需要项目管理者不断创新、加强合作与协调，以适应日益变化和复杂的工程环境。

二、发展趋势

随着土木工程项目承发包市场的多元化和建设投资主体的多样化，现代土木工程项目规模不断增大，科技含量逐渐提升，工程项目管理理论知识体系也在迅速发展和完善。

（一）土木工程项目管理的国际化发展

在全球经济一体化的大背景下，各国与地区的经济联系日益紧密，产业转移和合作愈发增强。这导致跨国工程项目不断增多，工程项目管理的国际化、全球化成为不可忽视的趋势。这一趋势表现为国际大型且复杂的工程项目合作的增多，专业交流的频繁发生，以及工程项目管理专业信息的国际共享。

国际化的工程项目管理要求项目按照国际通行的管理程序、准则和方法实施，使得参与项目的各方能够在项目实施中建立起统一的协调机制。这意味着不同国家与地区、不同种族、不同文化背景的团体及组织需要遵循共同的管理标准，进行交流与沟通。这一趋势推动了各国项目管理方法、文化和理念的交流，促进了国际工程项目管理经验的共享。

然而，随着国际工程项目竞争领域的不断扩大，竞争主体的强大化以及竞争程度的不断升级，也带来了更为尖锐的竞争局面。项目管理者需要更具创新性和适应性，以在全球竞技场上保持竞争力。因此，土木工程项目管理的国际化发展既带来了机遇，也带来了挑战，要求管理者在全球范围内灵活应对，不断提升项目管理水平。

（二）土木工程项目管理模式的复杂化发展

随着工程项目的大型化和复杂化趋势，项目管理模式正经历着变革与发展。在竞争激烈、风险增大、利润下降的市场环境下，国际上许多大型承包商正在逐渐从传统的承包商角色向更多元化的开发商角色转变。这一变革主要表现为从简单的项目承包模式转向投资或带资承包，将重点投资集中在项目运作等高端产业链上。

一种突出的带资承包模式是 EPC 模式，该模式综合了工程设计、采购和施工，使得承包商在项目全生命周期内承担更多责任。此外，还有 PMC 模式、BOT 模式、DDB 模式、DBFM 模式、PDBFM 模式，以及等带资承包模式的出现，将成为国际大型工程项目管理的新趋势。

EPC模式强调工程的全过程管理，整合了设计、采购和施工等环节，提高了项目执行效率，降低了风险。BOT模式则将项目的建设、运营和转让紧密结合，通过私人资本的介入来推动项目实施。这样的模式使得承包商在项目投资和运营阶段都能获得相应的收益，更好地保障了项目的长期可持续性。

另外，特许融资、咨询、建设、运营与技术承包一揽子式的新兴承包模式和承包业务也在迅速发展。CM模式则注重整个项目的协同管理，通过专业的建设管理团队来提高项目的整体执行效能。

这些新兴的承包模式为土木工程项目管理带来了更多选择和灵活性，使得项目管理者需要更具战略眼光，根据项目的特性和环境选择最适合的管理模式。这种复杂化的发展趋势将促使项目管理者更广泛地涉足项目全生命周期，从而更全面地管理和掌控项目，确保项目在变化多端的市场环境中取得成功。

（三）土木工程项目管理的信息化发展

随着知识经济时代的来临，土木工程项目管理的信息化发展已成为提升管理水平的关键手段和不可避免的趋势。信息技术和网络技术在工程项目管理中的广泛应用已经成为该领域的重要组成部分，为项目管理带来了显著的效益，并推动了项目管理的标准化和规范化。

首先，信息技术的应用使得工程项目管理更为高效。项目管理软件的广泛使用，如项目计划、资源调度、成本控制等方面的专业软件，极大地提升了项目管理的效率和准确性。这有助于管理者更好地制订和执行项目计划，监控项目进展，实现资源的合理分配和成本的有效控制。

其次，信息技术的应用促进了工程项目管理的标准化和规范化。通过采用一致的项目管理软件和工具，团队成员可以更容易共享信息、协同工作，确保项目的一致性和质量。标准化的项目管理流程和文档规范也有助于减少误差、提高工作效率，并为项目的成功实施提供了更有力的支持。

网络技术的发展进一步推动了工程项目管理的信息交流、网络化与虚拟化。远程协作工具、在线会议平台以及云计算技术使得项目团队不再受制于地理位置，实现了实时的沟通与合作。这有助于提高团队的协同效率，降低沟通成本，使得项目管理不再受到地理距离的限制。

（四）土木工程项目管理的专业化发展

土木工程项目管理的专业化发展是现代工程项目管理领域的重要趋势。随着工程项目的技术复杂性增加、涉及领域扩大、范围广泛，对更专业、更科学的管理需求不断增加。在这一背景下，许多专业化的项目管理公司和组织迅速兴起，包括工程项目管理公司、工程咨询公司、工程监理公司、工程设计公司等，它们专门承接工程项目管理任务，提供全过程的专业化咨询和管理服务。

这些专业化的机构在工程项目管理中扮演着关键角色。它们通过整合各类专业知识，提供专业的项目管理团队，确保项目的科学规划、高效执行和有效监控。专业化的公司能够更好地应对项目管理中的技术挑战，降低项目风险，提高项目成功的概率。

此外，现代工程项目管理人才也需要更加职业化和专业化。国际上，项目管理认证已经成为评价项目管理专业水平的国际标准。例如，由 PMI 推行的 PMP 认证和由 IPMA 推行的 IPMP 认证，已在全球范围内得到广泛认可。这些认证不仅提高了项目管理人才的专业水平，也使其更具国际竞争力。

（五）土木工程项目管理的集成化发展

土木工程项目管理的集成化发展是指应用集成理论与系统工程的方法、模型、工具，对工程项目相关资源进行系统整合，以达到工程项目目标并最大化投资效益。这一趋势主要体现在工程项目全寿命周期的集成管理，即将项目决策阶段的开发管理、实施阶段的项目管理和使用阶段的设施管理整合为一个完整的项目全寿命周期管理系统，实现统一管理。此外，工程项目管理的集成化还包括项目工期、造价、质量、安全、环境等要素的集成管理，即项目组织管理体系的一体化。

在全寿命周期的集成管理中，项目决策阶段的开发管理涵盖项目前期的规划、可行性研究、项目定位等，确保项目从一开始就符合战略目标和客户需求。实施阶段的项目管理包括项目计划、执行、监控、变更管理等各个方面，确保项目按时、按质、按成本完成。而使用阶段的设施管理则关注设施的维护、运营和更新，以保障设施的可持续使用。

此外，集成化管理也涵盖了项目工期、造价、质量、安全、环境等多个要素的一体化管理。通过统一的管理体系，项目管理者能够更好地协调各个要素，降低冲突和风险，提高整体管理效率。例如，集成化管理可以确保质量标准在项目的每个阶段都得到遵守，从而降低质量风险。同时，对安全和环境的综合管理也有助于项目在社会和法规层面的合规性。

对于项目管理公司或项目承包公司而言，工程项目管理的集成化不仅提高了项目管理的效能，还使其在市场竞争中具备更强的核心竞争力。通过全面整合各个阶段和要素的管理，公司能够更好地适应复杂多变的项目环境，提升服务水平，满足客户需求，实现长期可持续发展。因此，土木工程项目管理的集成化发展对整个行业的提升和发展都具有重要的意义。

（六）土木工程项目管理的绿色化发展

土木工程项目管理的健康和绿色化发展已成为全球学界和业界共同关注的重要议题。在可持续发展理念深入人心的今天，各国对于合理利用自然资源和保护生态环境的需求日益提高。因此，工程项目在规划、设计、施工和运营阶段都在积极探索实现健康和绿色化的途径。

"绿色""低碳""循环经济"等理念已被广泛接受并纳入工程建设领域的方方面面。在项目规划阶段，项目团队需要认真研究、评判和决策，以确保项目在整个生命周期内实施节约资源、减少污染、零排放的方针。包括对可再生能源的利用、建筑设计的环保考量、施工过程的绿色化措施等多个方面。

在设计阶段，采用绿色建筑技术、低碳设计原则成为关键。这可能包括选择可持续的建筑材料、优化建筑结构以提高能效、引入自然采光和通风系统等。通过这些措施，工程项目可以最大限度地减少对环境的不良影响，提高项目的可持续性。

施工和运营阶段，实施绿色施工管理和建设项目的生命周期管理是关键一环。包括建立高效的废弃物管理系统、推动能源效益、采用环保的施工工艺和设备等。通过持续的监测和改进，项目管理者可以确保项目在整个生命周期中对环境的影响最小化。

工程项目各参与方的共同努力是实现健康和绿色化发展的关键。通过采用创新的技术和管理手段，工程项目既可以实现经济效益，又能够达到社会效益和生态环境效益的最佳结合。这种综合性的发展方式有助于构建可持续的工程项目管理体系，推动整个行业朝着更加健康和绿色的方向迈进。

第二章 土木工程项目策划与可行性分析

第一节 项目目标和需求定义

一、土木工程项目目标

(一) 项目整体目标

土木工程项目的整体目标是确保在项目的生命周期内实现既定的目标和期望效果，以创造出对社会有价值的、具有持久性的基础设施。

项目的总体目标是确保建设出符合质量标准、环保要求和社会期望的土木工程项目。这一目标涵盖了项目的设计、施工和最终交付的各个阶段。整体目标的明确定义对于项目的成功至关重要，它为项目团队提供了一个共同的愿景和方向。

在项目整体目标的制定中，首先需要考虑项目的最终成果。这可能包括建立一座安全、稳固、耐用的桥梁，修建一个可持续发展的水处理厂，或者创建一个满足城市需求的交通枢纽。这些最终成果是项目为社会提供的实际价值，反映了项目的社会和经济意义。

除了最终成果，整体目标还需要考虑项目的期望效果。包括项目对周边环境的影响、社区的受益以及项目在生命周期内的可维护性和可持续性。例如，在一个城市交通项目中，期望效果可能包括缓解交通拥堵、提高交通安全性，并促进城市经济的发展。

整体目标的明确定义还需要考虑到项目的利益相关者，包括政府机构、社区居民、环境组织等。项目整体目标应该能够充分满足这些利益相关者的期望，确保项目的建设和运营是与社会利益相一致的。

最终，整体目标的详细阐述是为了确保项目在规划和实施过程中能够对社会、环境和经济产生积极的影响。通过清晰定义项目的总体目标和愿景，项目团队能够在整个项目生命周期内保持目标导向，为可持续的基础设施建设做出贡献。

(二) 具体、可量化的目标

为了更具体、可操作，并确保与项目的整体目标相一致，需要将项目整体目标划分为可量化的子目标。

1. 质量目标

子目标：实现建设过程中的质量标准，确保土木工程结构的安全性和稳定性。

可量化指标：达到或超过国家/地区规定的相关质量标准，实现零事故、零缺陷的工程交付。

2. 进度目标

子目标：按照项目计划和时间表推进，确保项目按时完成。

可量化指标：达到或提前项目计划中规定的各个阶段的完成日期，确保项目进度的稳定推进。

3. 成本目标

子目标：有效管理项目预算，避免超支。

可量化指标：确保项目的实际成本与预算相符或低于预算，实现成本控制的有效管理。

4. 可持续性目标

子目标：减少对环境的不良影响，提高土木工程项目的可持续性。

可量化指标：达到或超过相关环保法规的要求，减少能源消耗、废物产生，并采用可再生资源。

5. 社会影响目标

子目标：最大化对当地社区的积极影响，提升居民生活质量。

可量化指标：制订有效的社会责任计划，提供就业机会、改善基础设施，获得社区居民的认可和支持。

6. 安全目标

子目标：确保土木工程项目在建设和运营过程中的安全性。

可量化指标：实现零工程事故，达到或超过相关安全标准，确保工作人员和社区的安全。

这些具体、可量化的子目标能够更清晰地指导项目团队的工作，使整个项目在不同方面都能够取得明确的成绩。每个子目标都与整体目标相互关联，共同确保项目的成功实现。在项目执行的过程中，通过对这些目标的监测和评估，可以及时调整和改进项目的管理策略，确保项目按照规划取得良好的结果。

（三）相关方期望的考虑

在土木工程项目的规划阶段，了解和考虑相关方的期望对于确保项目目标的成功实现至关重要。相关方包括政府机构、业主、社区居民、环保组织以及其他可能受到项目影响的利益相关者。通过收集和综合各方的期望，可以更全面地定义项目目标，提高项目的可接受性和可持续性。

首先，政府机构可能期望项目能够符合法规和标准，对于城市规划、环境保护和社会经济发展产生积极影响。了解政府的期望有助于项目规划符合法律法规，同时与城市的整体发展战略保持一致。

其次，业主可能期望项目能够按时、按质、按预算完成，并实现预期的经济效益。他们可能强调项目对于业务目标的直接贡献，包括提高产能、降低运营成本等。了解业主的期望有助于确保项目整体目标与业务战略相一致。

社区居民可能关注项目对居住环境的影响，包括噪声、交通、安全等方面的改善或变化。了解社区居民的期望，可以通过采取一系列社会责任措施来增强项目的社会可持续性。

环保组织可能关注项目对环境的潜在影响，包括土地利用、水资源、空气质量等方面的保护。了解环保组织的期望，有助于项目团队制订环保计划，采用绿色建筑技术，以降低对自然环境的负面影响。

其他可能受到项目影响的利益相关者的期望也应该纳入考虑，如供应商、业务合作伙伴等。通过广泛收集和分析这些相关方的期望，项目团队可以在整体目标的基础上进行精细调整，以确保项目在满足各方期望的同时取得最佳综合效益。

最后，在项目目标的明确定义中，必须以连贯的方式综合考虑和纳入相关方的期望。这样做有助于构建一个更具可持续性、更广泛认可的项目，提高项目的成功实现概率，同时建立起良好的项目声誉和社会形象。

二、需求分析与定义

（一）相关方需求收集

在土木工程项目的需求分析与定义阶段，识别并收集项目相关方的需求是确保项目成功实施的重要步骤。相关方的需求包括各个利益相关方的利益、期望和关切，这些信息对于项目的规划和设计具有指导性和决策性的作用。

首先，项目团队需要识别和明确所有可能受到项目影响的利益相关方。这可能包括但不限于项目业主、政府监管机构、施工团队、社区居民、环保组织、设计师、供应商等。每个利益相关方在项目中都有独特的地位和关注点，因此对他们的需求进行全面了解是至关重要的。

随后，针对每个利益相关方，项目团队需要主动进行需求收集。可以通过各种方式实现。

1. 组织与利益相关方的会议，进行讨论和研讨，以了解他们的期望和关切。
2. 制定并分发问卷，收集各方对项目的期望和需求，以量化和系统地整理信息。
3. 进行个别的面谈，深入了解各方的关注点和特殊需求，获取更详细和具体的信息。
4. 组织工作，集中各方智慧，共同制定项目的需求和目标。

需求收集的重点应包括以下方面：

技术需求：项目相关方对于土木工程项目的具体技术要求和标准。

时间需求：相关方对项目完成时间的期望，是否有紧急完成的要求。

质量需求：各方对于项目交付物和工程质量的期望和标准。

成本需求：利益相关方对于项目成本的关切，包括预算约束和资金限制。

安全需求：相关方对项目实施过程和最终交付物安全性的期望和要求。

社会和环境需求：对于社区和环境影响的关切，以及可持续性方面的期望。

法规和法律需求：符合相关法规和法律的期望，以保证项目的合法性和合规性。

通过全面而系统地收集这些需求，项目团队可以更好地理解利益相关方的期望，并将这些需求纳入项目目标和计划中。这有助于建立与相关方的良好关系，提高项目的可接受性和成功实施的可能性。

（二）功能性需求

在土木工程项目的需求分析中，功能性需求涉及项目交付物在功能和性能方面应当具备的特定特征和能力。这些需求直接关系到项目的设计、建设和最终交付的质量，因此其明确定义对于项目的成功实现至关重要。

1. 结构设计和性能

土木工程项目的结构设计应符合国家/地区规范和标准，确保建筑结构的强度、稳定性和耐久性。

结构设计要能够承受项目所需的荷载，包括静态和动态荷载，确保在各种情况下都能保持结构的安全性。

2. 材料选用和性能

选择符合项目要求的建筑材料，包括混凝土、钢材等，以确保建筑材料的质量和适用性。

材料的物理性质、化学性质符合相关标准，满足项目的强度、耐久性和环保要求。

3. 施工方法和技术

采用先进的施工方法和技术，确保施工过程高效、安全且符合质量标准。

施工过程中的效率、准确性、安全性达到或超过行业标准，采用最新的土木工程技术。

4. 建筑设备和工具

配备适当的建筑设备和工具，以支持施工过程的顺利进行。

建筑设备的可靠性、稳定性，工具的适用性和效率符合项目要求，确保施工的高效性和质量。

5. 交付物的功能要求

项目交付物（如建筑物、桥梁等）需具备特定的功能，满足项目目标和相关方的期望。

交付物的实际使用功能符合设计规范，满足使用者的需求和期望。

6. 安全和可维护性要求

项目交付物应具备安全性，以及易于维护和修复。

结构和设备的设计考虑安全因素，同时提供便捷的维护通道和操作方式，确保项目长期的可靠性和安全性。

清晰定义这些功能性需求，项目团队可以为设计和实施阶段提供明确的指导，确保项目交付物能够满足相关方的期望，同时符合行业标准和法规。这有助于项目的成功实施和交付。

三、目标与需求整合与验证

（一）目标与需求的整合

在土木工程项目中，目标与需求的整合是确保项目成功实施的关键步骤。项目的整体目标和各项需求之间的一致性对于项目的规划、设计和执行至关重要。通过有效整合目标和需求，可以避免潜在的矛盾和冲突，确保项目在整个生命周期内朝着共同的方向前进。

项目团队需要对整体目标进行深入理解，并确保这些目标在各方面都是明确和可量化的。整体目标应该是项目成功实现的总体愿景，为各个团队成员提供共同的方向。在确立整体目标的同时，需要明确目标的关键指标和衡量标准，以便后续验证项目的成功实现。

团队应该将整体目标与各相关方的需求进行对比和整合。包括技术性需求、功能性需求以及相关方期望的考虑。通过对需求的全面了解，团队可以更清晰地看到目标与需求之间的关联性，同时识别潜在的冲突点。

在整合的过程中，团队需要确保目标和需求的一致性。

1. 符合性检查：逐项核对项目目标和需求，确保每个需求都能够直接或间接地与项目整体目标对应。

2. 优先级排序：对目标和需求进行优先级排序，确保在资源有限的情况下，先满足对项目最关键的目标和需求。

3. 交叉验证：确保不同需求之间没有相互矛盾的情况，或者任何需求与项目整体目标存在不一致的问题。

整合的目标是确保项目在追求整体目标的同时，能够满足各方的需求，从而提高项目的可接受性和成功实施的可能性。这需要项目团队具备系统性的思维和综合性的管理能力，以确保项目在各个方面都能够达到或超越相关方的期望。

通过整合目标和需求，项目团队为后续的设计、实施和监控提供了清晰的方向。整合的一致性有助于建立团队和相关方之间的共识，确保所有工作都在一个共同的框架下有序进行。这样的整合性和一致性是项目成功的基石。

（二）需求验证方法

需求验证是确保项目的需求得到验证和确认的关键步骤，选择适用的验证方法对于项目的成功实施至关重要。以下是一些常用的需求验证方法，它们可以单独或组合使用，以确保项目满足相关方的期望和要求。

1. 原型验证

制作项目的原型或样本，让相关方实际观察和测试。这有助于直观地了解项目的外观、功能和性能，及早发现潜在的问题。

2. 用户反馈

通过与最终用户或利益相关者的交流，收集他们的反馈和意见。用户反馈是确保项目符合最终用户需求的直接途径，可以在项目实施之前及时做出调整。

3. 场地测试

在实际项目场地进行测试，验证土木工程项目的设计和施工是否符合实际环境的要求。这种方法适用于需要考虑地理、气候等因素的项目。

4. 仿真和模拟

使用仿真工具和模型来模拟项目的运行情况可以帮助团队更好地理解项目在不同条件下的性能。

5. 验收测试

制定一系列测试用例，对项目的各个方面进行验收测试。这些测试用例应涵盖项目的功能、性能、安全性等方面，确保项目满足预定的标准和规范。

6. 标准符合性检查

对项目的需求进行逐一检查，确保项目符合相关的技术标准和规范。可以通过专业的验收机构或专业人员进行检查。

7. 迭代验证

将项目的实施过程分为多个迭代阶段，每个阶段都进行验证。这有助于及时发现和纠正问题，确保项目在整个实施过程中保持一致性。

在选择需求验证方法时，项目团队需要根据项目的特点、规模和复杂性综合考虑。通常，结合多种验证方法可以更全面地确保项目的需求得到有效验证。验证的目标是确保项目的交付物能够满足相关方的期望，并且在实际应用中表现良好。通过及时的需求验证，项目团队能够在实施过程中及时发现和解决问题，提高项目的成功实施概率。

第二节 项目资源调配和时间计划

一、资源调配策略

（一）人力资源

为了确保土木工程项目的成功实施，首先需要进行仔细的人力资源规划。包括确定项目所需的各种人力资源类型和相应的数量。根据项目的规模、复杂性和特点，人力资源可以涵盖工程师、设计师、施工人员、项目经理、质量控制人员等不同角色。对于每个角色，需要明确其职责和技能要求，以便更好地满足项目的需求。

招聘计划是确保项目获得所需人力资源的关键一步。项目团队应该根据人力资源规划，制订招聘计划，明确招聘的职位、数量和招聘时间表。招聘计划还应考虑到市场的竞争状况、行业趋势和相关技能的供求状况，以制定具有竞争力的薪酬和福利方案，吸引高素质的人才。

培训计划是确保项目团队具备必要技能和知识的关键组成部分。一旦招聘到合适的人才，项目团队应该制订培训计划，以帮助新员工迅速适应项目要求。培训内容应涵盖项目的技术要求、工作流程、安全标准等方面，确保团队成员具备执行项目任务所需的全面能力。

团队建设计划是确保项目团队协同工作和高效沟通的关键。通过制订团队建设计划，项目经理可以促进团队的凝聚力，提高团队合作效率。团队建设活动可以包括定期的团队会议、培训课程、团队建设活动等，以增强团队的协同性和凝聚力。

综合而言，人力资源调配策略需要综合考虑项目的需求、市场条件、技能要求以及团队合作的因素。通过明确的规划和策略，项目团队能够更好地配置人力资源，确保团队具备执行项目任务所需的各种能力和素质，从而提高项目的成功实施概率。

（二）物资和设备资源

确定项目所需的物资和设备是资源调配策略的首要任务。项目团队需要仔细分析项目的技术要求和施工计划，明确需要哪些物资和设备来支持项目的不同阶段。这可能包括建筑材料、机械设备、工程工具等。通过对项目需求的清晰了解，可以更好地制订后续的采购计划和供应链管理策略。

根据项目的时间表和需求，项目团队应该制订详细的采购计划，明确采购的物资种类、数量、质量标准和交付时间。采购计划还需要考虑市场供应情况、供应商可靠性和成本效益，以确保项目能够获得高质量的物资，并在预定时间内供应。

物资供应链管理策略是为确保物资和设备能够按计划交付而制订的关键措施。项目团队应该建立健全的供应链管理系统，包括选择可靠的供应商、建立紧密的供应链合作关系、实施供应链信息系统等。通过建立高效的供应链，可以降低物资采购和交付的风险，确保项目不会因为物资和设备的缺乏而延期或受到其他不利影响。

在物资和设备的采购过程中，项目团队还需要注重质量控制和合规性。确保采购的物资符合项目的技术要求和质量标准，遵守相关法规和标准。对于关键的物资和设备，可以考虑进行实地检查和测试，以确保其符合项目的要求。

（三）财务资源

确定项目所需的财务资金是资源调配策略的第一步。项目团队需要仔细估算项目的整体预算，包括人力成本、物资采购、设备租赁、工程施工等方面的费用。明确项目的财务需求，可以为后续的资金筹措计划提供具体的指导。

资金筹措计划是确保项目获得足够财务支持的重要计划。项目团队应该明确资金筹措的渠道和方式，包括但不限于：

自有资金：项目团队内部的财务储备。

贷款和融资：从银行或其他金融机构获得贷款或融资。

投资：寻找投资者或股东，引入外部资本。

政府资助：申请政府的项目资助和补贴。

资金筹措计划需要充分考虑项目的时间表、成本、风险等因素，以确保项目在各个阶段都能够获得足够的资金支持。

财务管理策略是保障项目资金有效利用和监控的关键。项目团队需要建立健全的财务管理体系，包括预算控制、成本核算、财务报告等方面的流程。在财务管理中，要注重风险评估，及时发现并处理潜在的财务问题，确保项目在财务方面的健康运转。

此外，项目团队还应该注重与相关方（如投资者、银行等）的沟通，及时报告项目的财务状况和进展。这有助于建立透明度，提高相关方的信任，从而为项目的财务支持创造更有利的环境。

（四）技术资源

项目团队需要仔细分析项目的技术要求，明确需要哪些专业领域的技术人员，以及使用哪些先进的技术工具和软件。这可能包括工程师、设计师、技术专家、CAD（计算机辅助设计）工具等。通过对项目需求的明确了解，可以更好地制订后续的技术培训计划和技术引进策略。一旦确定了项目所需的技术专业人员，项目团队应该制订详细的技术培训计划，以帮助团队成员掌握最新的工程技术、软件工具和行业标准。培训计划应该涵盖项目的技术要求，包括但不限于新技术的应用、工程设计标准、安全规范等方面。

项目团队应该明确引进哪些先进的技术，以提升项目的技术水平和竞争力。这可能包括引进新的工程方法、采用先进的工程设备，或应用最新的数字化技术。技术引进策略需要考虑技术的成本效益、适用性以及团队成员的接受程度，以确保引进的技术能够真正促进项目的成功实施。

在技术资源的调配中，项目团队还应该关注团队成员之间的技术协同工作和沟通。确保团队成员能够共享和应用各自的专业知识，提高团队整体的技术水平。

二、时间计划和工期安排

（一）工作分解结构

工作分解结构（WBS）是将项目任务层次化、结构化的过程，目的在于清晰地定义项目的范围、任务和交付物，并将其分解为更小、更易管理的工作包。在土木工程项目中，WBS通常按照项目的不同阶段、工程专业、工作包等进行划分，以确保项目的全面管理。

首先，制定WBS需要团队深入了解项目的整体目标和各项任务。通过与相关方的沟通和需求分析，确保WBS能够全面反映项目的范围和需求。在土木工程项目中，可能涉及设计阶段、采购阶段、施工阶段等，因此，WBS应该根据项目的特点进行合理的划分。

其次，WBS要将项目任务逐级分解为可管理的工作包。每个工作包应该有明确的任务和可交付物，以便团队能够明确工作范围、负责人和交付期限。在土木工程项目中，这可能包括设计图纸的制定、采购材料的计划、施工过程的管理等。

最后，WBS需要清晰地反映项目任务之间的依赖关系。即使在土木工程中，任务的前后关系和依赖性也是至关重要的。例如，在施工之前，可能需要完成设计阶段的任务。通过WBS清晰地表达这些依赖关系，有助于避免项目中的延期和交付的错误。

（二）网络计划

在土木工程项目管理中，网络计划是一种用于规划、调度和控制项目的工具，常使用PERT和CPM等方法。

网络计划的建立通常包括以下步骤：

1. 任务识别

首先，团队识别并列出所有项目任务。这些任务可以从前面制定的工作分解结构中得到，确保包括项目的各个阶段和活动。

2. 确定任务前后关系

对于每个任务，确定其与其他任务之间的前后关系。包括确定哪些任务是必须在其他任务之前完成的，哪些任务可以同时进行，以及哪些任务是相互独立的。

3. 估算任务持续时间

对每个任务进行持续时间的估算。PERT方法通常使用三种时间估算：最短时间（最乐观估算）、最长时间（最悲观估算）和最可能时间。这些估算用于计算任务的预期持续时间。

4. 建立网络图

使用估算的任务持续时间和前后关系，建立项目的网络图。可以是箭头图（箭头表示任务，箭头表示前后关系）或节点图（节点表示任务，连线表示前后关系）。

5. 计算关键路径

通过计算网络图中的各个路径的总持续时间确定关键路径。关键路径是项目中不能有延误的路径，因为它决定了项目的总工期。在土木工程项目中，关键路径通常包含一系列相互依赖的任务，完成这些任务的时间确定了整个项目的完成时间。

6. 制定项目日程表

一旦确定了关键路径，可以制定项目的日程表。包括为每个任务分配开始和结束日期，确保整个项目按照计划进行。

通过使用PERT、CPM等方法制订网络计划，项目管理团队可以更清晰地了解项目的执行逻辑、前后关系和关键路径。这有助于项目的规划、调度和控制，确保项目能够按时完成，同时也提供了对项目风险和变化的更好的管理能力。

（三）资源级进计划

资源级进计划是在项目的网络计划基础上，将资源分配到各个项目任务，以实现资源的充分利用和均衡分配的计划。这一步骤对于确保项目的顺利执行和高效完成至关重要。

通过网络计划确定了项目的任务和关键路径后，需要将项目所需的各种资源分配到这些任务中。包括人力资源、物资和设备资源、财务资源以及其他技术资源。资源级进计划需要确保每个任务都有足够的资源支持，以便按计划完成。

在进行资源分配时，需要考虑任务的优先级、依赖关系和任务持续时间。关键路径上的任务通常需要更多的关注，因为它们对项目完成时间有直接影响。此外，任务之间的依赖关系也需要考虑，确保前置任务完成后，后续任务能够顺利开始。

资源的充分利用是资源级进计划的一个关键目标。这意味着在不过度分配或浪费资源的前提下，最大化地利用可用资源。通过仔细调查资源的可用性和能力，项目管理团队可以更有效地分配任务，提高资源的利用效率。

均衡分配资源是另一个重要的考虑因素。避免某个任务过度集中资源，而其他任务却资源匮乏。均衡的资源分配有助于确保整个项目各个方面都能平稳推进，减少项目中的瓶颈和延误。

三、资源分配和优化

（一）资源平衡

资源平衡是确保在项目中合理、均衡地分配资源，避免资源过度或不足的关键。通过资源平衡，项目管理团队可以有效应对各项任务的需求，提高资源利用效率，并确保项目按计划进行。以下是确保资源分配平衡，使用资源平衡工具进行调整的连贯阐述：

首先，项目管理团队需要仔细审视已分配的资源，并对每个任务的资源需求进行评估。包括人力资源、物资和设备资源、财务资源等。通过了解每个任务的资源需求，可以判断是否存在资源过度分配或不足的情况。

其次，在资源平衡的过程中，项目管理团队可以使用专业的资源平衡工具。这些工具可以对各项任务的资源需求和可用资源进行匹配和调整。通过这些工具，团队可以更直观地看到资源的分配情况，发现潜在的不平衡，并进行及时调整。资源平衡的调整可能涉及重新分配人员、调整任务的优先级、重新安排任务的执行顺序等。在土木工程项目中，特别是在关键路径上，需要确保关键任务得到足够的资源支持，以防止项目整体工期的延误。

再次，资源平衡也要注意避免过度分配资源的情况。过度分配可能导致人员疲劳、质量下降以及整体项目成本的增加。因此，在进行资源平衡时，项目管理团队需要综合考虑资源的可用性、技能水平和工作负荷，以确保资源的平衡分配是可持续的。

最后，资源平衡是一个动态过程，需要在项目执行过程中持续监控和调整。随着项目的推进，资源需求和可用性可能发生变化，因此团队需要灵活地应对这些变化，保持资源平衡的状态。

（二）资源优化

资源优化是通过制定有效的策略，提高资源利用效率，以满足项目进度和质量要求的关键过程。通过精心规划和灵活调整，项目管理团队可以最大程度地发挥资源的作用，确保项目在有限的资源下取得最佳效果。

首先，项目管理团队需要深入了解项目的当前状态，包括已完成的任务、正在进行的任务以及即将开始的任务。通过对项目进度的全面了解，团队可以识别出可能需要资源优化的任务，以满足项目整体的进度和质量要求。

其次，在资源优化的过程中，团队可以考虑以下几个方面的策略。

调整任务优先级：通过重新评估任务的重要性和紧急性，团队可以调整任务的优先级，确保关键任务得到优先支持。这有助于确保项目的关键路径上的任务能够按时完成。

资源重分配：可以重新评估团队成员的技能和专业领域，将资源重新分配到需要的地方。这可能包括培训团队成员，以提高其在特定任务上的能力，或调整团队结构以适应项目需求。

并行执行任务：对于一些任务，可以考虑并行执行，而不是串行执行。这有助于缩短项目的总工期，提高整体效率。

技术创新：探索使用新技术或方法，以提高任务执行的效率。技术创新可以包括引入自动化工具、优化工程流程等，从而降低资源投入并提高产出。

风险管理：在资源优化的过程中，要考虑潜在的风险因素。有时候，可能需要在某些任务上增加资源，以应对可能的风险，确保项目能够顺利推进。

最后，资源优化需要持续监控和调整。在项目执行过程中，随时可能发生变化，因此团队需要灵活应对，及时进行资源的调整和优化，以确保项目能够按照预期实现成功。通过资源优化，项目管理团队能够更好地应对项目的挑战，提高整体的项目绩效。

（三）技术和人力的协同

在土木工程项目中，有效整合技术和人力资源能够提高项目的执行效率、质量和创新能力。首先，促进技术和人力资源之间的协同需要在项目规划阶段明确技术需求和人力需求。团队应该了解项目所需的具体技术要求，包括工程软件、设计工具、先进技术等，并相应地规划所需的技术专业人员。技术和人力资源的需求应该在项目的工作分解结构和网络计划中得到明确定义。其次，团队需要建立有效的沟通机制，确保技术团队和人力资源团队之间能够及时、准确地共享信息。包括技术方面的设计要求、工程规范，以及人力方面的团队能力、培训需求等。最后，通过定期的会议、报告和项目管理工具，可以促进技术和人力资源之间的沟通与合作。

在实际工作中，技术团队和人力资源团队应该密切合作，确保技术需求得到满足，同时也满足人力资源的能力和培训需求。例如，如果项目需要引入新的工程软件，人力资源团队需要确保团队成员接受了相关的培训，以熟练应用这些技术工具。

此外，团队还可以推动技术和人力资源的协同创新。技术团队通过不断引入新技术、新工艺，促进项目的创新性发展；而人力资源团队通过培训和发展团队成员的技能，提高团队整体的专业水平。通过这种方式，技术和人力资源相辅相成，为项目的长期成功创造更有竞争力的条件。

第三节　可行性研究和风险评估

一、可行性研究概述

（一）可行性研究的目的和作用

可行性研究是指在项目启动前对项目的各个方面进行综合评估和论证，以确定项目是否具备可行性、值得投资，并为项目的决策提供科学依据的过程。可行性研究的概念涉及对项目进行全面而系统的调查和分析，以评估项目在技术、经济、法律、社会、环境等多个方面的可行性。

在土木工程项目中，可行性研究是项目生命周期中的重要阶段，其目的和作用如下：

1. 确定项目的可行性

可行性研究的首要目的是确定项目是否是可行的。对项目的技术可行性、经济可行性、法律可行性、社会可行性和环境可行性等方面进行综合评估，可以判断项目在各个层面是否具有可行性。

2. 降低项目风险

可行性研究有助于识别项目可能面临的风险和障碍。在项目启动前对潜在问题进行深入分析，项目管理团队能够采取相应的措施，减轻风险并提高项目成功的可能性。

3. 为决策提供依据

可行性研究为项目决策提供了科学、客观的依据。基于对项目各方面可行性的评估，决策者可以做出是否继续推进项目的决策，或者是否需要进行调整和改进。

4. 优化项目方案

在可行性研究的过程中，可能会涌现出多个项目方案。通过比较和评估这些方案，选择最具可行性和经济效益的方案，有助于优化项目设计和执行计划。

5. 吸引投资者和利益相关方

充分展示项目的可行性和潜在收益，有助于吸引投资者和利益相关方的支持。这对于项目的融资、合作和推进都具有重要的影响。

总体而言，可行性研究是项目管理的重要起点，为后续的项目规划、执行和监控提供了科学依据，有助于确保项目的成功实施。在土木工程项目中，考虑到项目的复杂性和多方面的影响因素，进行可行性研究是不可或缺的步骤。

（二）可行性研究的内容和步骤

可行性研究涵盖了多个方面的内容，主要包括对项目在技术、经济、法律、社会和环境等方面的评估。以下是可行性研究的主要内容。

1. 技术可行性

评估项目所采用的技术、工艺是否成熟、可行。包括对技术难题、技术风险的分析，确保项目在技术上能够实施。

2. 经济可行性

进行财务分析，评估项目的投资成本、运营成本和预期收益。考虑项目的财务指标，如投资回收期、净现值、内部收益率等，以确定项目在经济上的可行性。

3. 法律可行性

分析项目是否符合法律法规和规定，包括土地使用权、环保法规、建筑法规等。确保项目在法律上是合法可行的。

4. 社会可行性

考察项目对社会的影响，包括项目对当地居民、就业、社区发展等的影响。进行社会影响评估，确保项目在社会层面是可行的，并符合社会责任。

5. 环境可行性

评估项目对自然环境的影响，包括空气、水、土壤等。进行环境影响评估，确保项目在环境上是可行的，并符合可持续发展原则。

在这些方面的评估中，团队需要收集相关数据进行分析，并建立可行性研究报告，清晰地呈现项目的各个方面是否具备可行性。这些评估有助于识别项目的优势、劣势、机会和威胁，为项目的后续决策提供全面的信息。

可行性研究的步骤可以分为以下几个阶段。

确定研究目标和范围：明确定义可行性研究的目标、范围和重点。明确需要研究的各个方面，以便有针对性地展开调查和分析。

收集数据和信息：收集与项目相关的各种数据和信息，包括技术资料、市场情报、财务数据、法规文件、社会调查等。

制定研究方法：确定可行性研究的具体方法和技术路线。包括采用何种分析方法、评估模型以及调查手段等。

进行综合分析：对收集到的数据进行综合分析，评估项目在技术、经济、法律、社会和环境等方面的可行性。利用各种评估工具和模型进行综合评价。

制定可行性研究报告：将研究结果整理成可行性研究报告。报告应包括详细的分析结果、结论和建议，为决策提供科学的依据。

决策和规划：根据可行性研究的结果，进行项目决策和规划。决策者可以根据报告中的建议制订后续的项目计划、预算和实施方案。

总体而言，可行性研究是项目管理中的关键步骤，其结果直接影响项目的后续决策和成功实施。通过深入的评估和科学的方法，项目团队可以更全面地了解项目的潜在问题和机会，为项目的未来发展提供坚实基础。

（三）可行性研究的阶段

土木工程建设项目的可行性研究由于项目的复杂性和涉及的方面较多，通常分为投资机会研究、初步可行性研究和详细可行性研究三个阶段。这三个阶段构成了一个渐进深化、逐步明晰的研究过程，确保项目决策的科学性和可行性。

1. 投资机会研究阶段

投资机会研究阶段是土木工程项目可行性研究的起点，在项目初期对可能的投资机会进行初步了解和筛选，以确定哪些项目具有进一步研究的潜力。在这一阶段，主要目的在于在项目初期进行初步的评估，从而合理分配资源，决定是否值得深入进行可行性研究。

在进行投资机会研究时，首要任务是进行市场调研。通过市场调研，可以了解潜在项目的市场前景、需求趋势以及潜在客户的期望。这有助于评估项目在市场中的定位和竞争优势，为后续决策提供基础数据。同时，通过初步的技术评估，可以了解项目所涉及的技术是否成熟、可行，以及是否存在潜在的技术风险。

在投资机会研究阶段，也需要进行潜在利润的初步评估。包括对项目的初步投资成本、运营成本和预期收益的估算，以初步评估项目的经济可行性。这有助于初步判断项目是否具有盈利潜力，是否符合投资者的预期回报要求。

同时，对潜在风险的分析也是投资机会研究的一项重要活动。对初步的风险进行分析，可以识别项目可能面临的风险因素，包括市场风险、技术风险、法律法规风险等。这有助于制定相应的风险管理策略，为项目的后续发展做好准备。

2. 初步可行性研究阶段

初步可行性研究阶段又被称为预可行性研究，是在正式展开详细可行性研究之前的关键预备性阶段。当投资机会研究认为某建设项目是可行的、值得进一步研究，但又不能确定是否值得进行详细可行性研究时，就需要进行初步可行性研究。这个阶段的主要目标是在更深入的层面上评估项目的可行性，从而决定是否继续向详细可行性研究阶段推进，或者是否终止项目的前期研究工作。

初步可行性研究作为项目投资机会研究与详细可行性研究之间的中间或过渡性阶段，其目的如下。

第一，通过对项目的进一步评估，确定项目是否具有较高的经济效益和可行性。如果初步可行性研究结果表明项目有望获得较高的经济效益，那么可以决定进入详细可行性研究阶段。反之，如果初步研究发现项目存在严重问题或不具备可行性，可能需要终止项目的前期研究。

第二，初步可行性研究阶段也用于确定在详细可行性研究中需要进一步关注和深入研究的关键问题。

在进行初步可行性研究时，团队通常会对项目的技术可行性、市场前景、经济效益、法律法规合规性等方面进行更深入的调查和评估。这有助于提前发现潜在问题，并为详细可行性研究提供更为具体和有针对性的方向。

3. 详细可行性研究阶段

详细可行性研究阶段，又被称为最终可行性研究，通常简称为可行性研究，是项目前期研究的至关重要环节，也是项目投资决策的基础。在这个阶段，团队将进行深入细致的技术经济分析和论证，为项目提供技术、经济、社会等方面的全面评价，为具体实施（建设和生产）提供指导。

主要目标包括：

提出项目建设方案：在详细可行性研究阶段，团队将根据前期的初步研究结果和市场调查提出一个具体的项目建设方案。这个方案需要详细说明项目的技术实施方案、资金需求、项目进度计划等。

进行效益分析和选定最佳方案：团队将对项目的经济效益进行深入分析和论证，包括投资回收期、净现值、内部收益率等财务指标。通过综合考虑技术、经济、社会等多方面因素，选定最佳的建设方案。

提供结论性意见：根据详细可行性研究的结果，团队将提出结论性意见，这可能包括推荐一个最佳建设方案，提出多个可供选择的方案并说明各自利弊，或者甚至提出项目"不可行"的结论。这有助于决策者在最终投资决策时有清晰的依据。

详细可行性研究的内容十分详尽，需要对投资额和成本进行认真调查、预测和详细计算。计算精度通常要控制在10%以内。大型项目可能需要8到12个月的时间来完成可行性研究工作，而中小型项目则可能需要4到6个月。相应的费用通常约占投资总额的0.2%~1%（大型项目）或1%~3%（中小型项目）。

这几个阶段的可行性研究形成了一个逐步深化的过程，从初步的了解和筛选，逐步深入到对项目各个方面的详细研究。这样的分阶段研究有助于在不同阶段做出明智的决策，避免过早投入大量资源，同时确保项目在决策时拥有足够的信息支持。这种渐进的研究方式也有助于在项目的早期发现潜在问题和机会，为项目的后续规划和实施提供坚实的基础。

二、可行性研究报告的编制

可行性研究报告的编制是将项目前期研究的所有阶段的调查、分析和结论整合为一份系统性文件的过程。这份报告将为决策者提供对项目可行性的全面了解，为后续的决策提供依据。下面是可行性研究报告编制的一般步骤。

封面和概要：报告的第一页通常是封面，上面包含项目名称、报告标题、编制日期等基本信息。接下来是报告的概要，简要概述项目的目的、研究方法、主要结论等。

项目背景和引言：介绍项目的背景、目的、研究范围和重要性。引言部分可以包括对行业和市场的概述，以及项目背后的动机。

投资机会研究：回顾投资机会研究阶段的主要发现，包括市场分析、技术可行性、初步经济评估等。

初步可行性研究：总结初步可行性研究的结果，包括更详细的市场分析、技术评估、经济评估、法律合规性初步评估等。

详细可行性研究：提供详细可行性研究的结果，包括项目建设方案、效益分析、选定的最佳方案、结论性意见等。

项目风险和风险管理：对项目可能面临的风险进行分析，提出相应的风险管理策略。

社会与环境影响评估：如适用，对项目可能对社会和环境产生的影响进行评估，提出相应的管理措施。

经济效益分析：提供详细的经济效益分析，包括财务指标、投资回收期、净现值、内部收益率等。

最佳方案选择和结论：根据各项评估结果，选择最佳的建设方案，并总结项目的结论，包括推荐方案或其他决策。

附录和参考文献：在报告的最后添加附录，包括详细数据、图表、表格等，以及列出使用的参考文献。

在整个编制过程中，需要确保报告的结构清晰、语言简练、逻辑严密。同时，图表、表格等可视化工具可以有效地展示关键信息，使报告更具可读性。报告的编制要充分考虑读者的背景，以确保其能够理解并准确把握报告的关键信息。

三、风险评估与应对

在项目可行性研究中，对潜在风险因素的识别、评估以及制定风险管理策略和预防措施至关重要。

首先，进行风险识别。这阶段的关键是全面地审查项目，识别可能对项目目标产生不利影响的各种潜在风险。这些风险可以涵盖技术、市场、经济、法律、社会和环境等多个方面。通过与团队成员和利益方的沟通，可以汇聚更广泛的视角，从而更全面地识别潜在风险。

其次，进行风险评估。对于已经识别的潜在风险，需要进行定性和定量的评估。定性评估涉及对风险的影响和可能性进行主观判断，而定量评估则尝试通过数值化的方法来衡量风险的可能影响和概率。可以采用专业的风险评估工具和技术，以提高评估的客观性和准确性。

再次，制定风险管理策略。一旦风险被识别和评估，就需要制定相应的风险管理策略。

1. 采取措施以彻底消除或减轻潜在风险的影响。

2. 通过购买保险或签署合同的方式将风险责任转移给其他实体。

3. 采取措施以降低风险的发生概率或减轻其影响。这可能包括技术改进、合同条款的修改等。

4.在某些情况下，可能选择接受风险，并在项目计划中留有应对风险的空间，以便在发生时能够灵活应对。

最后，制定预防措施。除了应对已经识别的风险，还需要制定预防措施，以最大限度地减少潜在风险的出现。这可能包括加强项目管理、提高团队技能水平、加强合同管理等。

在整个过程中，团队需要保持敏感性，不断更新风险识别和评估，以确保项目在动态的环境中能够及时做出调整和应对。风险管理是项目成功的关键组成部分，有效的风险评估和应对将有助于提高项目的可行性和成功实施的可能性。

第四节 项目经济性评价和决策分析

一、经济性评价方法

经济性评价方法是一种系统性的分析和评估方法，用于确定项目、投资或决策的经济可行性和效益。这些方法通过对项目的各种经济指标进行定量和定性的分析，帮助决策者理解项目的财务状况、投资回报率以及长期效益与成本之间的关系。

在选择适用于土木工程项目的评价方法时，需要考虑项目的性质、目标和相关因素。以下是一些常用于土木工程项目的评价方法。

1.财务评价方法

财务评价方法是一组用于量化和评估土木工程项目经济性的手段，它们为决策者提供了重要的财务指标，以便做出明智的经济决策。以下是其中几个主要的财务评价方法：

净现值（NPV）：净现值是衡量土木工程项目现金流入与流出之间净效益的指标。计算 NPV 时，将未来现金流量贴现到当前值，然后减去初始投资。如果 NPV 为正，表示项目的净效益超过了初始投资，被认为是经济有利的。

内部收益率（IRR）：内部收益率是土木工程项目中的另一关键指标，它代表着项目的投资回报率。IRR 是使项目的净现值等于零的折现率。通常，如果项目的 IRR 大于预期的资本成本，项目就被认为是经济上可行的。

投资回收期：投资回收期是指项目所需时间，使项目的累计净现值等于或超过初始投资。较短的回收期通常被视为对投资者更有吸引力，因为资金能够更快地回收，降低了投资风险。

这些财务评价方法共同为项目决策者提供了对土木工程项目经济性的深入洞察。NPV 衡量了项目的净盈利能力，IRR 提供了投资回报率的信息，而投资回收期则展示了资金回收的时间。这些指标的综合分析有助于确保土木工程项目在财务上是可行和具有吸引力的，从而为决策者提供基础，以做出是否推进项目的决策。在私营土木工程项目中，特别需要重视这些财务评价方法，以确保项目的经济可行性和可持续性。

2.成本效益分析

成本效益分析作为一种综合性的评价方法在土木工程项目决策中扮演着关键的角色。特别适用于社会基础设施项目，如桥梁、道路、水利工程等，这种分析方法考虑了项目的经济成本与社会效益的双重因素，为决策者提供了更全面的决策信息。

首先，成本效益分析的独特之处在于其综合性考虑。与单一关注项目经济成本或投资回报率的财务评价方法不同，成本效益分析将项目的建设成本与可能带来的社会效益相结合。这种综合性的视角有助于决策者更全面地了解项目的实际价值，尤其是在涉及社会利益和长期效益的土木工程项目中。

其次，成本效益分析注重时间因素，对土木工程项目而言尤为重要。项目的长期效益在社会基础设施领域中至关重要，成本效益分析能够对这些效益进行充分考虑。这有助于决策者在评估土木工程项目时，更全面地考虑其对社会的长期影响。

最后，成本效益分析以社会为重心，突显了项目对整个社会的影响。这对于政府和公共决策者而言至关重要，因为土木工程项目的实施通常涉及公共资源和社会服务。通过全面考虑成本与效益，决策者可以更好地理解项目对社会福祉的贡献。

3.风险评估

在土木工程项目中，技术和市场风险常常是不可避免的挑战。为了应对这些不确定性，项目团队需要采用风险评估方法，以便及早识别、分析和管理潜在的风险，从而确保项目在实施过程中不会受到不可预见的经济损失。

首先，风险评估的目的在于识别可能对项目成功实施产生负面影响的因素。这些因素包括技术难题、市场波动、自然灾害等，它们可能导致项目延期、超支或无法达到预期目标。通过系统性的风险评估，项目团队能够全面了解项目所面临的各种潜在风险。

其次，风险评估方法涵盖了风险的识别、分析和管理三个关键阶段。在风险识别阶段，项目团队通过各种手段，如头脑风暴、专家咨询和历史数据分析，识别潜在的风险因素。随后，在风险分析阶段，团队对这些风险进行定性和定量分析，评估它们对项目目标的可能影响程度和概率。

最后，在风险管理阶段，项目团队采取相应措施，制定风险应对策略，以最小化风险的负面影响。

最重要的是，风险评估为项目提供了灵活性和应变能力。通过在项目初期就对潜在风险进行评估，团队能够制订相应的风险应对计划，提前做好应对措施，从而在实施过程中迅速、有效地应对各种挑战。

在实际应用中，通常综合运用多种评价方法，以全面、多角度地了解项目的经济性。选择适当的评价方法应结合项目的具体情况，确保对项目的经济可行性进行全面而深入的分析。

二、决策分析与评估

（一）项目决策的概念

项目决策是指在确定项目目标和需求的基础上，通过分析、比较和选择不同方案，最终做出关于项目实施和投资的决策过程。这一过程需要综合考虑各种因素，包括经济、技术、社会、环境等多方面的影响因素，以确保项目的成功实施和达到预期目标。

项目决策应遵循以下原则。

1. 科学性

科学性要求项目决策过程应基于科学分析和评估。这意味着决策者需要采用客观、量化的方法对项目进行评估，依赖于可靠的数据和信息。

在科学性的原则下，决策者应当运用合适的工具和技术，如数据分析、统计学方法等，确保对项目各方面进行准确的测算和量化分析。

合理的科学分析能够降低主观性，提高决策的客观性，使决策更加可靠和可信。

2. 系统性

系统性原则强调决策需要全局考虑项目的各个方面，避免过于局部和片面的决策。项目通常涉及众多因素，包括技术、经济、社会、环境等多个维度。

在系统性的原则下，决策者需要综合考虑不同因素之间的关系和相互影响，确保决策是整体最优的，而不是某一方面最优。

通过系统性的决策，可以最大限度地减少局部决策可能引发的整体风险和问题。

3. 全面性

全面性要求决策考虑项目的多个维度，确保决策不仅满足经济目标，还符合社会、环境等方面的可持续发展原则。这涉及更广泛的社会责任和道德考量。

在全面性的原则下，决策者需要综合考虑项目对社会的影响、环境的可持续性以及相关法规和伦理标准。

通过全面性的决策，项目可以更好地融入社会环境，符合可持续发展的理念，避免对社会和环境造成不良影响。

科学性、系统性和全面性的原则相辅相成，共同构成了健康、全面的项目决策过程。这些原则不仅有助于降低决策的风险，还能够确保项目在经济、社会和环境等各个方面取得最佳平衡。

项目决策是一个复杂而关键的过程，通常包括一系列步骤，以确保最终的决策能够对项目的成功实施产生积极影响。

首先，确定决策目标是项目决策过程的起点。在这一阶段，决策者需要明确项目的具体目标和需求，以确保后续的决策都能够对这些目标有明确的贡献。这不仅为决策提供了明确的方向，还确保了决策的一致性和有效性。

其次，项目决策需要充分的数据支持，而信息的收集范围涵盖了市场状况、技术可行性、成本估算等多个方面。通过搜集全面而准确的信息，决策者可以更好地理解项目的现状和潜在挑战，为后续决策提供实质性的依据。

在具备充足信息的基础上，决策者需要对各种可行方案进行综合比较和评估，考虑各方面的利弊。包括技术方案、经济模型、社会效益等多个因素，以找出最优方案，确保项目能够在综合效益最大化的前提下得以实施。

在决策过程中，决策者需要评估各方案可能面临的风险和不确定性，以及它们对项目目标的可能影响。制订相应的风险管理计划有助于在项目实施过程中及时应对潜在的问题，确保决策的可行性和稳健性。

最后，决策者需要在全面考虑各因素的基础上，做出最终的项目决策。这需要综合权衡各个方面的利弊，确保决策既符合项目的长远目标，又能够在实施中取得成功。

一旦决策确定，实施和监控阶段就成为项目决策过程的延续。决策的付诸实施需要有效的项目管理和监控机制，以确保决策的有效执行。在项目实施过程中持续监控，根据实际情况进行调整，是确保决策成功实施的重要环节。

（二）项目决策的类型与方法

项目决策的类型与方法多种多样，不同的决策方法适用于不同的情境和问题。分析和评估这些方法的优劣对于制定决策依据和方案至关重要。

决策的类型包括但不限于集中式决策、分散式决策、民主式决策等。集中式决策通常由一位或少数几位领导人负责，适用于紧急决策或需要迅速行动的情况。分散式决策将决策权下放到组织中的各个层级，有利于更灵活的决策过程。而民主式决策则通过群体广泛的参与，汇聚各方意见，但可能较为耗时。

决策的方法包括但不限于定性分析、定量分析、SWOT分析、决策树分析等。定性分析主要依赖主观判断和经验，适用于一些难以量化的问题。定量分析则通过数学和统计方法，更加客观地评估决策的各项因素。SWOT分析通过对组织的内部优势、劣势以及外部机会和威胁的评估，帮助制定综合决策。决策树分析则用于在决策路径上进行条件判断，有助于理清决策的逻辑关系。

在评估这些决策方法的优劣时，需要考虑决策问题的性质、时间紧迫性、决策的长远影响等因素。集中式决策在迅速行动和保密性方面较有优势，但可能忽视了底层员工的意见。分散式决策具有更广泛的参与，但可能导致决策的推进速度较慢。定性分析强调主观判断，适用于复杂问题，但可能受制于主管人员的主观偏好。

最后，制定决策依据和方案需要综合考虑各个决策方法的特点，灵活运用，根据具体情况选择最合适的方法。决策者还需充分沟通和协调，确保参与决策的各方在决策过程中能够有效地表达观点，提高决策的质量和可行性。因此，综合分析不同决策方法的优劣，选择适用于具体情境的方法，是项目决策成功的关键。

三、项目成本与效益评估

评估项目成本是项目经济性评价的基础。土木工程项目的成本涉及多个层面，包括但不限于建筑材料、劳动力、设备、土地购置等方面。直接成本和间接成本都需要被纳入考虑，以确保对项目成本的全面把握。这样的成本评估可以帮助项目团队合理规划预算，有效控制项目的经济投入。

评估项目预期效益是经济性评价的另一重要环节。土木工程项目的效益可以包括工程完工后的使用价值、提升当地基础设施水平、创造就业机会等。在这一步骤中，需要明确项目的整体目标，并确保效益的量化和可衡量性，以便更好地与成本相比较。

通过对成本和效益的评估，确定项目的经济可行性。这需要利用一系列经济性评价指标，如净现值、内部收益率、投资回收期等。这些指标的计算会综合考虑项目的成本和效益，帮助项目管理者做出明智的决策。土木工程项目的特点可能需要更长期的考虑，例如基础设施的使用寿命和长期效益。

在评估项目经济可行性时，需要考虑潜在的风险因素。土木工程项目通常涉及复杂的技术和市场环境，风险评估和敏感性分析有助于了解项目在不同情景下的表现，以及在面对不确定性时的应对策略。

因此，通过全面评估土木工程项目的成本与效益，结合经济性评价指标和风险分析，项目管理者可以做出明智、科学的经济决策，确保所选方案在长期内是经济可行和可持续的。

四、决策和推进

在土木工程项目中，决策和推进是项目经济性评价的最后阶段，它涉及根据评价结果做出最终决策，并推动项目的实施，以确保决策的有效执行。

首先，根据经济性评价和决策分析做出最终决策。在这一阶段，项目管理团队需要仔细审视经济性评价的结果，考虑项目的成本和效益、风险因素以及可持续性等方面。基于净现值、内部收益率、投资回收期等经济性指标的分析，决策者可以做出是否继续实施项目的决策。此外，对于可能存在的多个方案，需要进行综合比较，选择最优方案，确保整个决策过程科学、全面、系统。

其次，推进项目实施，确保决策的有效执行。决策的有效执行是项目成功的关键。项目管理团队需要制订有效的执行计划，明确责任分工，确保项目的各个阶段按计划推进。这可能涉及与各相关方的沟通与协调、资源的合理分配、风险管理的实施等。同时，建立有效的监控机制，及时发现并解决项目实施中的问题，确保决策的贯彻执行符合预期。

最后，在项目实施的过程中，项目管理团队需要灵活应对可能出现的变化和风险，保持决策的灵活性。同时，持续进行经济性评价，对项目的成本和效益进行跟踪和监控，及时调整决策和实施策略，以确保项目在整个生命周期内保持经济可行性。

第三章　项目组织与团队管理

第一节　项目组织结构和职责分配

一、项目组织概述

项目组织是指为了完成特定项目目标而构建的、具有特定层次和结构的组织形式。它是一个临时性的组织，其存在的目的是在有限的时间内实现特定的项目目标。项目组织通常由项目经理领导，团队成员以及其他资源协同工作，以完成项目所需的工作和任务。

项目组织与传统的职能性组织有所不同，因为它不是为了长期运营而设立的。相反，项目组织的存在是为了应对一项具体的任务，一旦项目完成，组织可能会被解散或者团队成员被重新分配到其他项目。这使得项目组织更加灵活，能够迅速适应不同项目的需求。

在项目组织中，项目经理负责整体项目的规划、执行和控制，而团队成员则负责完成各自分工的任务。项目组织的结构和层次可以根据项目的性质、规模和复杂性而变化，通常包括项目经理、项目团队成员、项目赞助人以及其他利益相关者。

土木工程项目组织有以下特点。

1. 复杂性

土木工程项目通常涉及复杂的设计、建造和管理任务。包括工程结构、土壤力学、材料科学等多个专业领域的复杂性，需要跨足多个工程学科领域的协同合作。

2. 多专业协同

土木工程项目往往需要不同专业领域的专业知识，例如结构工程、水利工程、交通工程等。因此，项目组织需要有效协调和整合各个专业领域的团队。

3. 大规模和长周期

土木工程项目通常涉及大规模的基础设施或建筑工程，项目周期相对较长。这要求项目组织能够在长时间内有效地协调和管理各个阶段的工作。

4. 与企业组织关系复杂

土木工程项目通常涉及多个组织实体，如建筑公司、设计公司、监理单位等。项目组织，需要协调与各方的利益和合作关系。

5. 有明确的结束时间

土木工程项目具有明确的结束时间，一旦项目目标达成，项目组织就会被解散。这与企业组织的持续运营不同，项目有一个明确的生命周期。

二、项目组织结构设计

（一）项目组织结构类型

项目组织结构是指为完成项目目标而设计的组织形式和层次结构。不同的项目组织结构类型适用于不同的项目需求和环境，以下是一些常见的项目组织结构类型。

1. 直线型

也称为功能型或传统型，具有严格的等级和指挥关系。项目团队成员接收指令直接来自项目经理，上下级之间有明确的汇报关系。

直线型组织结构适用于小型项目，项目需求和任务较为简单明确，沟通路径清晰，适用于初创公司或刚起步的项目。

2. 职能型

职能型组织结构是一种以不同职能部门或部门组织的专业功能来组织的结构。在这种结构中，组织的各个部门根据其专业性质和职能划分，每个部门负责执行特定的工作或提供特定的服务。这样的组织结构旨在通过明确的功能划分和专业化来提高效率和协同合作。

3. 矩阵型组织结构

结合了直线型和职能型的特点，项目组成员同时受到项目经理和部门经理的领导。适用于中大型项目，需要充分利用各个部门的专业知识，同时灵活应对项目变化。

4. 项目型组织结构

组织结构专门为项目设立，项目经理具有最高权威，团队成员全职参与项目。项目完成后，团队可能解散或者成员分配到其他项目。适用于独立的、相对较小规模的项目，需要高度专业化和迅速响应变化的情况。

5. 分权型组织结构

项目经理和团队成员具有较大的自主权，决策分散。强调团队合作和创新。适用于创新性强、需要灵活应对变化的项目，有助于激发团队成员的创造力和自主性。

选择适当的项目组织结构取决于项目的性质、规模、复杂性以及组织的文化和管理理念。在实际应用中，有时也会采用混合型的组织结构，根据具体项目的需要进行灵活调整。

（二）项目组织结构选择

在选择土木工程项目组织结构时，需要深入分析项目的特性和需求，同时考虑项目规模、复杂性、时程等因素的影响。合理的组织结构选择将直接影响项目的执行效率和成功实施。以下是一些主要因素的考虑：

首先，对于土木工程项目的规模，需要考虑项目的大小和复杂性。对于小规模、相对简单的项目，例如一座小型建筑或简单的基础设施工程，直线型或功能型组织结构可能更为合适。这种结构有助于保持层级简单，加强直接的指挥和控制，适应项目的较小规模和相对简单的任务。

其次，对于中大型土木工程项目，可能涉及多个专业领域和复杂的工程流程。在这种情况下，矩阵型组织结构可能更适用。矩阵结构允许项目团队成员同时受到项目经理和各个职能部门经理的领导，以更好地协调不同专业领域的工作，提高项目协同效率。

时程是另一个关键因素，特别是在需要紧急完成的项目中。如果项目具有紧迫的时程，例如紧急修复工程或应对自然灾害的工程，项目型组织结构可能是更为合适的选择。项目型结构将资源全职调配到项目中，提高响应速度，确保在规定的时间内完成工作。

此外，考虑到土木工程项目通常在执行过程中会面临不确定性和变化，组织结构需要具备一定的弹性和可变性。分权型组织结构可能在这种情况下表现较为优越，因为它鼓励团队成员的自主性和创新，有助于迅速适应变化的项目需求。

最后，综合考虑这些因素，土木工程项目的组织结构选择应该是一个综合性的决策，需要根据具体项目的特点进行灵活调整。在实践中，也可以采用混合型的组织结构，结合不同的元素以满足项目的独特需求。最终的目标是确保项目组织结构与项目的特性相匹配，以提高项目的执行效率和成功交付。

（三）组织结构的透明度

透明度指的是项目团队对组织结构、角色分工和层级关系的清晰了解。在一个透明度高的组织中，项目成员能够明确了解自己在项目中的角色、责任和与他人的协作关系，从而更好地配合工作、提高效率，并减少沟通障碍。

1. 明确的角色和责任分工

透明度要求在项目组织结构中明确定义每个成员的角色和责任。每个团队成员都应该清楚自己在项目中的任务和职责，以避免任务重叠或遗漏，提高工作效率。

2. 层级关系的清晰性

透明度要求组织结构中的层级关系清晰可见。项目成员应该了解自己所在的层级以及与上级、同级和下级成员的关系，这有助于更好地进行沟通和决策。

3. 开放性的沟通

透明度鼓励开放性和及时的沟通。项目组织应该建立有效的沟通渠道，使项目成员能够随时获取项目信息、分享经验和解决问题，从而确保信息传递的迅速和准确。

4. 可访问的组织图表

使用可视化的组织图表是提高透明度的有效手段。这种图表可以清晰展示项目的组织结构、团队成员的角色和层级关系，使整个项目组了解形势。

通过强调透明度，项目组织能够建立一个开放、协作和高效的工作环境。透明度有助于减少误解，提高团队的凝聚力，使整个项目能够更好地应对挑战并取得成功。

三、职责分配和角色定义

（一）项目团队角色

在土木工程项目中，团队中的关键角色多样，每个角色都在项目的不同阶段和方面发挥着重要的作用。

1. 项目经理

项目经理在土木工程项目中扮演着关键的领导角色。他们负责整体项目的策划、执行和监控。项目经理需要领导和激励团队成员，确保项目能够按时、按预算、按质量要求完成。通过制订详细的项目计划、管理资源、处理问题和风险，项目经理不仅确保项目目标的达成，还促进团队协作和高效沟通。

2. 工程师

土木工程项目的工程师在项目的设计、施工和监督阶段发挥着关键作用。他们负责处理项目的具体技术细节，确保土木工程符合相关规范和标准。通过参与方案设计、工程实施和解决技术难题，工程师为项目提供了专业技术支持，同时保障了工程的质量。

3. 技术专家

项目中的技术专家是项目团队中的重要资源，提供专业领域的高级知识和技术支持。他们根据项目的需要解决技术难题，确保项目在相关专业领域上达到最佳实践。通过分享专业知识，技术专家对于项目的成功实施和技术创新发挥着关键作用。

4. 项目管理员

项目管理员在土木工程项目中承担着协助项目经理的关键职责。他们负责项目文件、沟通、进度跟踪等方面的管理工作，以确保项目的日常运作井然有序。通过有效的文件管理和团队协同，项目管理员为整个项目提供了必要的支持。

5. 质量控制工程师

质量控制工程师在土木工程项目中负责监督和评估工程的质量。他们通过制订和实施质量控制计划，确保项目的施工符合相关标准和规范。质量控制工程师的工作对于提高整体工程质量和客户满意度至关重要。

6. 安全主管

在土木工程项目中，安全主管负责项目现场的安全管理。他们制订并执行安全计划，确保施工过程中的安全。通过降低工程施工中的安全风险，安全主管为工人和团队成员的安全创造了可靠的环境。

7. 采购经理

采购经理在土木工程项目中起着保障资源供应的关键作用。他们负责项目所需材料和设备的采购，与供应商协商合同和价格。通过有效的采购策略，采购经理确保项目能够及时获得必要的资源，从而推动项目的顺利进行。

在整个项目生命周期中，这些角色相互协作，形成一个高效的项目团队。每个角色的职责和贡献都为土木工程项目的成功实施提供了关键支持。

（二）职责分配原则

职责分配确保项目的各项任务得以有效执行，团队成员了解自己的职责和任务。在进行职责分配时，应遵循一些基本原则，以确保项目的高效运作和团队的协同合作。

1. 明确性原则

每个团队成员都应该清晰了解自己的职责，包括任务的性质、完成标准以及与其他成员的协作方式。这种明确性有助于防止任务的重复执行或遗漏，提高整体项目效率。

2. 可行性原则

每个成员被分配的任务应符合其专业领域和技能水平，以确保任务能够得到有效的执行。合理的职责分配可以最大程度地发挥团队成员的专业优势，提高工作质量。

3. 权责一致原则

这意味着拥有某个任务的团队成员应该同时具备完成该任务所需的权力和责任。这有助于避免在决策和执行之间发生混淆，确保团队成员能够迅速、灵活地应对问题。

4. 适应性原则

职责分配应具有一定的灵活性，以适应项目的变化和不确定性。在项目执行过程中，可能会出现新的需求、风险或机会，团队成员的职责分配应能够灵活调整，以满足新的情况和目标。

5. 透明性原则

职责分配的过程和结果应对整个团队透明可见。团队成员应了解整个团队的职责分工，以便更好地理解团队协作关系，避免信息不对称，从而提高沟通效率。

综合这些原则，一个有效的职责分配体系应该是明确、合理、一致、灵活且透明的。遵循这些原则有助于建立一个高效的项目团队，确保项目任务能够有序、高效地完成。

（三）跨部门和团队合作

在复杂的项目环境中，跨部门和团队之间的职责协调和协同工作变得至关重要。有效的协作可以提高整个项目的绩效，确保项目目标的顺利实现。

首先，跨部门和团队的协作需要建立明确的沟通渠道。包括定期的会议、报告机制，以及使用项目管理工具等。通过这些渠道，不同部门和团队能够及时分享信息、讨论问题，并确保大家在项目的方向上保持一致。

其次，协同工作是跨部门和团队合作的核心。各部门和团队成员需要积极合作，分享资源、知识和经验，以共同解决项目中出现的问题。团队成员之间的协同可以加速任务的完成，提高效率。

最后，清晰的职责分工有助于避免任务的重复和遗漏，确保每个团队成员都知道自己在项目中扮演的角色。

在不同部门和团队之间设立联络人或协调员是促进协作的有效方式。这些联络人可以负责信息的传递，确保各方及时了解项目的变化和进展，协助解决可能出现的沟通障碍。

在项目初期,制订明确的协同计划是必要的。协同计划应包括各团队和部门的任务、时间表、关键里程碑以及协同工作的具体方式。这有助于对整个项目的进度进行有效的管理。

跨部门和团队合作的成功建立基于相互的信任关系。团队成员需要相互信任彼此的能力和承诺,以营造积极的协作氛围。建立信任有助于团队更好地应对挑战,共同迎接项目的各个阶段。

第二节 团队建设和沟通管理

一、团队建设活动设计

(一)团队建设的意义

良好的团队协作不仅仅代表一种愉悦的工作氛围,更是项目整体效能的关键驱动因素。

首先,团队建设强调的是促进团队成员之间的协作和相互理解。在一个默契和谐的团队中,成员能够更加愿意分享知识、经验和资源,形成协同合作的局面。这种协作精神有助于优化团队内部的工作流程,提高工作效率,减少误解和冲突,从而确保项目在合理的时间内高质量地完成。

其次,良好的团队协作能够激发团队成员的积极性和创造性。当团队成员感到他们的贡献受到重视,而且他们的意见和建议能够被尊重和采纳时,他们会更有动力投入工作中。团队建设通过提升团队的凝聚力,激发每个成员的工作热情,从而促进创新和解决问题的能力。

再次,团队建设有助于建立相互信任的关系。在一个互信共赢的团队中,成员能够更加坦诚地沟通,愿意分享彼此的看法和担忧。这种信任关系有助于减轻团队成员在面对挑战时的压力,促使团队更加团结一致地应对各种项目问题。

最后,团队建设有助于形成高绩效的团队文化。一个积极向上、富有合作精神的团队文化将激发成员追求卓越和不断进步的动力。通过共同奋斗、共享成功和失败经验,团队成员形成共同的价值观和目标,从而使整个团队更有凝聚力,更具执行力。

因此,项目管理中的团队建设不仅是一项任务,更是项目成功的关键因素之一。

(二)团队建设活动选择

选择适合土木工程项目团队的团队建设活动需要考虑活动的目的、成本和团队特点。以下是一些可能适用于土木工程项目团队的团队建设活动的建议。

1. 项目启动会议

通过召开启动会议,团队成员得以相互认识,形成初步的团队凝聚力。这一活动的成本相对较低，可以根据项目的需求选择线上或线下方式进行。特别适用于初次组建的项目团队，有助于为后续合作奠定基础。

2. 团队建设培训

团队建设培训是提升团队整体素质和专业技能的有效手段。这种活动适用于需要团队成员提升技能水平的项目，有助于提高整体绩效。

3. 团队拓展活动

团队拓展活动以户外拓展为例，通过增强团队凝聚力、信任和协作能力来促进团队发展。成本中等到高，取决于选择的活动类型和地点。适用于需要提升团队合作精神和增强信任的项目。

4. 定期团队会议

定期团队会议是维持团队协作和信息共享的常规手段。成本相对较低，但需要确保会议的有效性和效率。适用于长期项目，有助于保持团队的协作和信息流通。

5. 团队建设游戏和活动：

团队建设游戏和活动通过轻松愉快的方式增进团队成员之间的默契和互动。成本可以根据活动规模和类型进行调整，一般较为适中，适用于需要提升团队活力和凝聚力的项目。

二、项目沟通中的困难和障碍

由于土木工程项目的组织结构复杂，组织行为呈现特殊性，而且在整个工程项目进行过程中，涉及的变化因素较多，这使得现代工程项目在进行沟通管理时面临着一系列的困难和障碍。

（一）项目自身特点造成的沟通困难和障碍

从项目自身角度出发，土木工程建设项目在沟通过程中面临多方面的困难。

1. 复杂的项目特性

土木工程建设项目通常具有较大的建设体量，参与方众多，技术难度高且新工艺更迭速度快。项目经理在沟通时需要具备多方面的基本专业知识，考虑问题时需要从不同的专业角度出发。这增加了沟通的复杂性。

2. 利益差异

由于项目参与者包括业主、承包商、技术人员等，他们对项目的利益和兴趣出发点不同，导致他们对项目的期望和要求存在较大差异。项目经理在沟通中需要协调各方利益，解决潜在的冲突，确保项目的整体目标得到满足。

3. 短期性和临时性

土木工程项目一般是一次性的，参与方往往在项目进行时临时组建。这导致各参与方在项目工作中缺乏长期合作的归属感，容易出现短期行为。项目经理需要从项目的长远利益出发，在沟通中说服其他参与方放弃一定的短期效益，服从项目的长期效益。

4. 参与者的流动性

在土木工程项目中，参与者的流动性较大，人们的社会心理、文化、习惯、专业、语言等差异会给项目的管理带来一定困难。在不断变化的参与者中，难以形成相互工作的默契配合，项目经理需要不断进行沟通和协调。

5. 不确定性和变化

土木工程项目的建设周期较长，企业的战略方针和政府的相关政策的稳定性无法确保。建设单位可能因资金问题改变项目开发计划，或者受到环保要求限制工程施工。项目经理需要与相关部门不断沟通，确保项目的重大不确定因素对项目的不利影响降到最低。

（二）项目参与方的沟通困难和障碍

1. 业主

业主作为项目的投资方，拥有项目的最高权限。由于业主可能过高估计自身对工程管理的专业能力，或因对投资项目的期望和需求过高，可能越权管理项目，对项目实施产生负面影响。业主与项目经理之间可能存在信任不足的问题，需要通过沟通劝导的方式引导业主行为，确保业主的期望与项目实际情况相符。

2. 承包商

承包商在工程管理中的优先次序通常是成本、进度、质量。他们的目标是在完成合同规定任务的前提下降低成本，确保经济收益最大化。当一个项目涉及多个承包商或一个承包商同时承包多个项目时，项目经理需要协调复杂的利益关系，确保承包商将最优质的资源投入到管理的项目中。这是项目经理在沟通管理中面临的重要挑战。

3. 项目经理

作为公司派驻项目的管理者，项目经理需要克服与项目经理部内部各专业技术人员相关技术沟通的障碍。同时，项目经理还需妥善处理项目经理部成员的绩效考核，不断改善项目经理部内的工作关系。在与公司其他职能部门沟通时，项目经理需要平衡子权利和利益的矛盾，争取更多的资源支持，确保项目能够得到充分的支持和合作。

三、沟通策略和流程

（一）沟通的重要性

有效的沟通不仅仅是信息传递的过程，更是促进团队合作、解决问题以及确保项目顺利推进的关键因素。

首先，土木工程项目涉及多个专业领域和各种利益相关方，因此需要实现跨部门和跨领域的协调与合作。有效的沟通可以确保不同团队成员之间的共享信息，促进对项目整体目标和里程碑的共同理解。这对于确保各专业领域之间的协同工作至关重要，从而保证土木工程项目各阶段的顺利推进。

其次，沟通在团队合作中发挥关键作用。团队成员之间清晰、及时的沟通有助于建立相互信任的关系。当团队成员之间有一个开放的沟通渠道时，他们更倾向于分享信息、提出问题，以及共同解决挑战。这种积极的团队合作氛围对于项目的成功至关重要，特别是在面对工程复杂性和变化时。

再次，有效沟通还有助于减少误解和避免项目风险。土木工程项目中可能涉及大量的技术术语和专业知识，如果团队成员之间存在信息不对称或理解差异，可能导致项目进度延误或质量问题。通过清晰的沟通，可以减少这些潜在问题，提高工作效率。

最后，沟通在项目决策和问题解决过程中发挥着至关重要的作用。沟通能够及时传达关键信息，使得团队能够迅速做出决策，并在解决问题时协同工作。在土木工程项目中，决策的迅速实施对于避免项目延误和降低成本至关重要。

（二）项目沟通策略

在设计适合土木工程项目的沟通策略时，首要考虑的是项目的独特性质和需求。在项目启动阶段，重点是建立明确的项目共识。通过召开启动会议，项目团队的各个成员有机会相互熟悉，共同理解项目的目标、范围和计划。这不仅有助于建立初步的团队凝聚力，还为后续工作奠定了坚实的基础。

随后，采用定期的进展会议来监测和调整项目的执行计划。这些会议可以在项目的关键阶段或里程碑完成时召开，以确保整个团队对项目的方向有清晰的了解。通过定期的沟通，团队成员可以及时分享信息，讨论可能出现的问题，并协作解决挑战，保持项目的整体顺利推进。

在沟通方式方面，采用多样化的途径。会议和讨论是促进团队交流和问题解决的有效手段。同时，充分利用现代技术，包括电子邮件、即时通信工具和在线项目管理平台，以确保信息能够及时、准确地传达到每个团队成员。这种多元化的沟通方式有助于满足不同成员的需求，提高整体的沟通效率。

在确定参与沟通的人员时，确保所有关键的利益相关方都被纳入沟通的范围内。包括土木工程项目的设计师、工程师、项目管理人员以及相关的监管机构。通过明确定义沟通的参与者，可以建立更加协调一致的信息流通网络，确保每个关键利益相关方都能够及时了解项目的最新动态。

通过上述的土木工程项目沟通策略，确保整个项目团队能够高效协作、迅速应对变化、保持信息流通畅，从而最大化项目的整体成功实施机会。

（三）团队内部沟通流程

首先，建立一个明确的内部沟通流程，明确定义信息的来源、去向和处理流程。确保每个团队成员都了解在何时、何地以及如何共享项目相关信息。可以通过制定沟通计划、明确沟通渠道以及设定定期的沟通时间来实现。例如，可以通过团队会议、在线协作平台和定期更新的方式，确保信息得以及时传达。

其次，强调开放式和双向的沟通氛围。鼓励团队成员分享他们的见解、问题和建议。通过定期的团队会议、反馈机制以及沟通渠道的开放性，可以促进信息的双向流通，防范信息在团队内的隔阂和孤岛现象。

再次，采用多样的沟通工具和平台，以满足不同团队成员的沟通偏好。有些成员可能更喜欢书面沟通，而另一些可能更喜欢面对面的交流。确保团队内沟通流程具有灵活性，能够适应不同的工作风格和习惯，从而提高信息的传递效率。

在信息共享方面，建立共享的文档和知识库可以使团队成员能够方便地获取所需的信息。这有助于防范信息孤岛，避免某些信息仅被个别成员掌握，而其他成员对此一无所知。通过开放性的文档存储和知识分享，整个团队可以更好地理解项目的全貌，减少信息的滞后和缺失。

最后，定期评估和调整团队内沟通流程。随着项目的进行和团队结构的变化，沟通需求可能会发生变化。通过定期的回顾和反馈机制，团队可以识别沟通流程中的问题，并进行必要的调整，以确保团队内部的信息流通始终保持高效和畅通。

通过以上的团队内沟通流程设计和实施，可以最大化信息的共享，减少信息孤岛的发生，从而提高整个土木工程项目团队的协同效能。

（四）跨团队和相关方沟通

在土木工程项目中，建立清晰而高效的跨团队和相关方沟通流程是确保项目成功的重要因素。

首先，明确定义跨团队和相关方之间的沟通渠道和频率。在项目启动阶段，确定哪些团队需要进行紧密的协作，以及与哪些相关方需要保持定期的沟通。可以通过绘制组织结构图、明确各团队和相关方的职责和联系人来实现。

其次，采用多样的沟通方式，以适应不同团队和相关方的需求。有些团队可能更偏好会议和面对面交流，而另一些可能更倾向于书面沟通或在线协作平台。确保沟通方式的灵活性，以便满足不同工作环境和文化的要求。

再次，建立定期的联络会议或进展报告会，以促进信息的共享和交流。这些会议可以用于讨论跨团队的问题、解决挑战，并确保各团队和相关方了解项目整体的进展情况。通过定期的沟通，可以及时发现并解决潜在的沟通障碍和问题。

在沟通流程中，确保每个相关方都有清晰的信息访问途径。建立共享的在线文档存储和信息库，以便相关方能够随时获取所需的信息。这有助于避免信息滞后，保持信息的实时性，并降低误解的风险。

最后，设立专门的沟通负责人或团队，负责协调跨团队和相关方的沟通工作。这个负责人或团队可以确保信息传递的顺畅，及时解决沟通问题，并协调各方的合作。这有助于提高整个项目团队的协同效能。

通过以上的跨团队和相关方沟通流程，项目团队可以确保信息传递准确和及时，最大化协同工作的效果，从而推动土木工程项目的成功实施。

第三节　领导和冲突管理

一、领导风格和特质

（一）领导的定义和角色

领导是组织中的关键角色之一，其职责是指导、激励和影响团队成员，以实现组织的共同目标。领导的定义涵盖了多个层面，包括以下几个要素。

第一，领导者需要为团队提供方向，制定目标，并规划实现这些目标的途径。通过指导和引导，领导者能够帮助团队成员理解他们的角色和责任。

第二，领导者应该具备激励团队成员的能力，激发他们的潜力和积极性。通过奖励制度、认可和正面激励，领导者能够增强团队的凝聚力和工作动力。

第三，领导者具有影响他人的能力，能够通过沟通、示范和行为塑造组织文化，并在团队中树立良好的榜样。

第四，领导者需要协调团队成员的工作，管理资源，确保工作流程的顺畅进行。协调和管理是领导者推动团队实现目标的关键职能。

领导的角色包括但不限于以下。

1. 决策者

领导者需要在关键时刻做出决策，制定方向并承担责任。

2. 沟通者

有效的沟通是领导者成功的基石，他们需要清晰地传达信息、聆听团队反馈，并确保信息的传递不受干扰。

3. 激励者

通过激发团队成员的积极性和工作动力，领导者能够提高整个团队的绩效水平。

4. 问题解决者

在面对挑战和冲突时，领导者需要展现出解决问题的能力，找到合适的解决方案。

5. 变革者

在快速变化的环境中，领导者需要具备引导团队适应变化的能力，推动组织不断进步。

6. 导师

通过指导和培养团队成员的能力，领导者能够提升整个团队的素质和专业水平。

不同的领导者可能展现出不同的领导风格和特质，这些风格和特质受领导者个人特点、组织文化和任务性质等因素的影响。成功的领导者应该具备灵活性，能够根据情境和团队需要调整自己的风格和角色，以促进团队的协同合作和目标的实现。

（二）领导风格的选择

领导风格是领导者在与团队互动时表现出来的一种行为模式和态度。不同的领导风格适用于不同的情境和团队特点。以下是一些常见的领导风格：

1. 民主型

民主型领导者以广泛的团队参与和平等的讨论为主要特点。在决策过程中，他们倡导集体的智慧和经验，尊重团队成员的意见和建议。这种领导风格不仅强调领导者与团队成员之间的平等关系，也注重团队内部的协作与合作。通过充分发挥每个成员的参与度，在决策过程中取得团队的广泛共识。

适用民主型领导风格的情境通常是需要激发团队创造力、培养团队合作和建立团队凝聚力的场合。在这种情境下，领导者通过促使团队成员积极参与决策过程，增强了团队的凝聚力和认同感。开放的沟通氛围有助于激发团队成员的创造性思维，促进问题的多角度解决，从而提高团队的整体绩效。

民主型领导者在营造积极的工作氛围方面发挥着关键作用。通过鼓励成员表达自己的观点和想法，创造了一个开放、包容的工作环境。这有助于建立相互信任和尊重的文化，使团队成员感到被重视和听取，从而更愿意投入工作。

2. 权威型

权威型领导者的主要特点是设定明确的目标和方向，以及期望团队能够快速有效地执行决策。在这种领导风格下，决策过程通常更加集中在领导者身上，他们会制定明确的计划和指导，期望团队成员快速而有力地执行，以实现既定目标。权威型领导者在组织中扮演主导和引领的角色，为整个团队提供清晰的方向。

适用权威型领导风格的情境包括在紧急情况下需要迅速做出决策的项目，或者在组织需要清晰的指导和领导的情境。在面对紧急的任务或需要迅速响应的挑战时，权威型领导者能够迅速做出决策，为团队提供明确的方向，并鼓励成员全力以赴迅速执行。这种领导风格在组织需要一位强有力的领导者来指导方向时，通常能够产生积极的效果。

此外，权威型领导风格也在组织需要清晰的指导和领导的情境下表现得较为适用。当项目要求有一位能够明确目标、提供指导的领导者时，权威型领导者的坚定性和果断性可以为团队提供稳定的方向，并确保任务的有效执行。

3. 变革型

变革型领导者的主要特点是追求创新和变革。他们鼓励团队成员挑战传统观念，寻求新的解决方案，以推动组织不断进步。这种领导风格强调对变革的渴望，激发团队成员积极参与创新和改进的过程。变革型领导者通常具备开放的思维和愿意尝试新方法的勇气。

适用变革型领导风格的情境主要包括需要应对快速变化、创新和适应性的环境。在这样的情境下，变革型领导者能够带领团队应对不断变化的市场和竞争压力，推动组织实现创新和持续发展。他们通过鼓励团队成员不断挑战现状，寻找新的解决方案，促进了团队的创造力和适应能力的提升。

变革型领导者还能够在组织中营造一种积极的文化，使团队成员更愿意迎接变化和挑战。通过传递变革的愿景，激发团队的激情和动力，变革型领导者能够营造一个鼓励创新和持续改进的氛围。

4. 稳健型

稳健型领导者的主要特点是注重稳定和可靠性。他们倾向于在决策过程中保持谨慎和慎重，避免冒险，以确保所做的决策是经过深思熟虑的。稳健型领导者在行动前通常会仔细评估风险和利弊，以确保团队走在一个稳妥的方向上。

适用稳健型领导风格的情境主要包括需要稳定和可靠性的项目。在这样的情境下，稳健型领导者能够在面对不同的挑战时保持冷静和理性，从而制定出合理而可行的解决方案。这种领导风格有助于降低不必要的风险，确保团队在执行任务时能够避免不稳定的因素。

稳健型领导者的谨慎和慎重也使他们在处理复杂问题和挑战时更为从容。他们能够在压力下保持冷静，制订出经过深思熟虑的计划，带领团队有效地应对各种情况。

在选择领导风格时，要考虑到项目需求和团队特点。以下是一些选择领导风格的指导原则。

首先，不同类型的项目可能对领导风格有不同的要求。例如，对于创新型项目，通常需要更多的民主型和变革型领导。这是因为这些项目需要团队成员的创造力和积极性，而民主型领导可以激发广泛的团队参与，变革型领导则能够推动团队挑战传统，寻找新的解决方案。相反，对于复杂的任务，可能更需要强调权威型的领导，以确保在项目执行过程中能够有序地推动任务的完成。

其次，了解团队特点对于选择合适的领导风格也至关重要。领导者需要考虑团队成员的技能、经验和个性特点，以确保选用的领导风格能够与团队相匹配。一些团队可能更倾向于开放的沟通和合作，对于这样的团队，民主型领导可能更加适合。而另一些团队可能更喜欢明确的指导和任务分配，这时候权威型领导可能更有效。

最后，考虑项目的不同阶段也是选择领导风格的关键因素。在项目初期，可能需要更多的指导和规划，以确保项目的正确启动。在这个阶段，权威型领导可能能够提供清晰的方向。而在项目执行阶段，团队的合作和协同变得更为重要，这时候民主型领导的参与和团队建设能力可能更具优势。

因此，一个成功的领导者应该能够灵活地根据具体情境和需求选择适当的领导风格。这种灵活性和适应性使领导者能够更好地满足项目的要求，激发团队的潜力，并推动项目向成功的方向发展。

（三）领导特质和素养

成功的领导者通常具备一系列特质和素养，这些特质和素养有助于他们有效地引导团队，应对挑战，并取得卓越的业绩。

1. 沟通能力

优秀的领导者应具备卓越的沟通能力,能够清晰表达想法、明确目标,并有效地与团队成员沟通。良好的沟通有助于营造透明的工作氛围,增强团队合作和理解。

2. 决策力

领导者需要具备迅速而明智的决策能力。他们应该能够在面对不确定性和压力时做出果断的决策,并为团队提供明确的方向。良好的决策力有助于团队迅速应对挑战和变化。

3. 情商

情商是指领导者在处理人际关系、情绪管理和团队合作方面的智力。具备高情商的领导者能够更好地理解和管理自己的情绪,有效地与他人沟通,建立积极的人际关系,从而增强领导力。

4. 适应性

领导者需要具备适应能力,能够灵活应对不同的情境和挑战。在不断变化的环境中,适应性有助于领导者调整策略,保持团队的稳定性,并持续取得成功。

5. 激励能力

优秀的领导者能够激发团队成员的内在动力,使他们愿意全情投入工作。通过激励团队成员实现个人和团队目标,领导者能够营造积极向上的工作氛围。

6. 责任心

领导者应该对团队和组织的目标负有责任心。他们应该愿意承担决策的后果,并在困难时坚定地领导团队前进。责任心有助于树立领导者的权威和信任度。

7. 团队建设

领导者需要具备团队建设能力,能够培养团队合作精神,激发团队成员的协同工作能力。通过建设强大的团队,领导者能够更好地应对挑战并实现共同的目标。

8. 战略思维

领导者需要具备战略思维,能够制定长远的发展规划和目标。战略思维使领导者能够在不同的项目和环境中制定有效的战略,为组织的可持续发展奠定基础。

总体而言,成功的领导者需要在多个方面展现卓越的特质和素养,这些素质不仅帮助他们应对日常管理挑战,还使他们能够在复杂的业务环境中取得成功。通过不断发展和培养这些领导特质和素养,领导者可以更好地实现个人和团队的成功。

二、冲突管理和解决

冲突是指在个人、群体或组织之间因为意见、价值观、需求、资源等方面的不一致,而产生的争执、矛盾或对抗性的情况。冲突是人际关系中普遍存在的现象,可以发生在各种环境和层面,包括个人生活、工作场所、社会组织等。

（一）冲突的主要原因

在土木工程项目团队中，可能出现各种类型的冲突，这些冲突源于不同的因素。以下是土木工程项目团队中常见的一些冲突原因。

1. 设计差异

由于土木工程项目通常涉及多个专业领域，设计团队成员可能因为对设计理念、标准或规范的不同理解而发生冲突。不同专业的工程师可能有不同的技术偏好，导致设计方案的差异。

2. 资源分配

土木工程项目通常涉及有限的资源，如人力、物力和时间。团队成员可能因为资源的分配不公平或不足而产生冲突，特别是在面临紧迫的项目进度时。

3. 工程变更

项目变更是土木工程中的常见现象，但可能导致冲突。工程变更可能涉及预算、时间表、设计规格等方面的调整，引发项目团队成员之间的分歧。

4. 沟通问题

土木工程项目中，由于设计文件复杂、技术术语众多，沟通问题可能导致误解和冲突。不清晰的沟通可能使得团队成员在项目方向、目标或任务分配上存在分歧。

5. 合同问题

土木工程项目通常以合同为基础进行，而合同中的条款和条件可能引发争议。不同团队成员对于合同解释的差异可能导致冲突。

6. 安全和质量标准

在土木工程中，安全和质量是至关重要的因素。团队成员可能因为对安全和质量标准的不同理解而产生冲突，特别是在权衡成本和安全质量之间的抉择上。

7. 项目进度压力

土木工程项目通常有着严格的进度要求。团队成员可能因为项目的时间紧迫而感到压力，从而在决策、任务分配等方面发生冲突。

8. 利益冲突

土木工程项目中的各方利益相关者，如业主、设计团队、承包商等，可能有不同的利益追求。这些利益差异可能引发冲突，尤其是在资源分配、经济责任等方面。

理解这些冲突的主要原因对于有效地解决和管理土木工程项目中的问题至关重要。通过建立开放的沟通渠道、明确项目目标、规范设计和变更流程，项目团队可以更好地应对冲突，确保项目的顺利进行。同时，领导者需要注重团队建设和合作，以促使团队成员更好地理解彼此，协同解决问题。

（二）冲突预防和早期干预

为了确保土木工程项目的顺利进行，领导者可以采取一系列策略和方法来预防冲突，并在冲突初期进行及时干预，以防止问题的进一步升级。

首先，冲突预防需要从项目计划的早期阶段开始。明确的项目目标、清晰的角色分工以及明确的沟通渠道都是预防冲突的关键。领导者应确保项目团队对项目目标和每个成员的角色有清晰的理解，通过定期的团队会议和沟通渠道，保持信息畅通，减少误解的发生。

其次，合理的资源分配和任务分工也是冲突预防的重要手段。领导者应在项目启动阶段充分评估团队成员的技能和经验，合理分配任务，避免资源过度集中或分散不均，以减少团队成员之间的竞争和不满。

最后，营造积极的团队文化和氛围也是冲突预防的有效途径。通过鼓励团队成员分享意见、经验和反馈，营造一个开放的沟通氛围，可以减少信息的不对称和误解。领导者应注重团队的凝聚力，通过团队建设活动和培训，增强团队合作和信任。

在冲突初期，领导者的及时干预至关重要。一旦察觉到潜在的冲突，领导者应立即采取行动，与相关团队成员进行沟通，了解冲突的具体原因，并设法化解矛盾。通过开展中立的调解和谈判，领导者可以帮助团队成员找到共同的解决方案，防止问题升级。

总体而言，冲突预防和早期干预需要领导者采用全面的管理策略，包括明确的项目规划、资源分配、团队文化的建设以及对冲突的及时干预。通过这些手段，领导者可以有效地降低项目团队发生冲突的可能性，并在冲突初期就采取措施，确保团队持续高效地协同工作。

（三）有效的冲突解决策略

在土木工程项目中，有效的冲突解决策略是确保团队和项目持续顺利进行的关键。以下是一些常见而有效的冲突解决方法。

1. 协商

协商是一种通过双方讨论、交流意见，寻找双赢解决方案的方法。在土木工程项目中，团队成员可以通过协商达成共识，找到既满足项目目标又满足个人需求的解决方案。协商注重双方的权衡和妥协，有助于保持团队合作的良好氛围。

2. 调解

调解是一种由中立的第三方介入解决冲突的方法。调解人可以是项目经理、团队领导或专业的调解员。调解的目的是帮助各方更好地理解对方的观点，并寻找解决方案。调解通常注重沟通和理解，有助于解决情绪化和个人之间的冲突。

3. 妥协

妥协是在各方之间达成部分满意的解决方案，双方都需要做出一些让步。在土木工程项目中，当存在无法彻底解决的分歧时，通过妥协可以达成双方都接受的方案，以维护团队的整体和谐。

4. 合作

合作是一种强调共同努力和团队合作的冲突解决策略。通过合作，团队成员可以共同制定解决方案，充分发挥团队的协同作用。合作的目标是实现双赢，确保项目目标的实现，并提高团队的整体绩效。

5. 逐级升级

当低层次的冲突解决方法无法奏效时，可以逐级升级到更高级别的解决策略。例如，从团队内部的协商逐渐升级到领导层介入的调解，以确保问题得到妥善解决。

6. 培训和教育

提供团队成员冲突解决的培训和教育，使其具备更好地解决问题的能力。通过培训，团队成员可以学到更有效的沟通、协商和合作技巧，帮助他们更好地处理潜在的冲突。

在实际应用中，领导者和团队成员可以根据具体的冲突情况选择合适的解决策略。通常情况下，灵活运用这些策略，并根据问题的性质和紧急程度做出适当的调整，有助于项目团队更加高效地解决冲突，确保项目的成功进行。

第四节 项目干系人参与和利益管理

一、干系人识别和分类

（一）干系人的界定和分类

在土木工程项目中，干系人的清晰界定和分类对于项目的成功实施至关重要。土木工程项目的干系人可能涉及多个领域，包括业主、设计团队、承包商、政府监管机构、社区居民等。以下是对土木工程项目干系人的界定和分类的详细阐述：

1. 业主

业主是土木工程项目的主要干系人之一，他们通常为项目提供资金并对项目的成功实施负有最终责任。业主的期望通常涉及项目的质量、时间表、预算和安全等方面。

2. 设计团队

设计团队包括工程师、建筑师等专业人员，他们负责制定土木工程项目的设计方案。设计团队的干系人分类可能包括主设计师、结构工程师、土木工程师等，每个专业领域的代表都有可能对项目的不同方面产生影响。

3. 承包商

承包商是负责实际施工的实体，他们与业主签订合同并负责按照设计规范和时间表完成工程。土木工程项目的承包商可以分为总承包商、分包商、供应商等，每个承包商都可能有自己的利益和期望。

4. 政府监管机构

在土木工程项目中，政府监管机构负责审批和监督项目的合规性，确保项目符合法规和标准。这些机构可能包括城市规划部门、环保局等，他们的参与对项目的进行具有重要影响。

5. 社区居民

土木工程项目通常会对周边社区产生一定的影响，因此社区居民也是重要的干系人。他们可能关心项目的环境影响、噪声、交通等方面的问题，项目管理团队需要与他们进行有效的沟通和协调。

6. 其他利益相关方

其他可能影响或受到影响的实体，如环境组织、媒体、附近企业等，也是土木工程项目中的干系人。这些利益相关方的参与可能因项目的性质和规模而有所不同。

通过对土木工程项目中各类干系人的明确定义和分类，项目管理团队可以更好地理解各方的期望和需求，有针对性地进行沟通和管理，从而确保项目能够得到各方的支持，顺利实施。

（二）干系人的协调管理内容

协调管理是一种组织、计划和整合各种资源以达成特定目标的管理过程。在协调管理中，管理者通过调配人力、物力、时间和信息等资源，以确保各项工作有序进行，达到整体效益最大化的目标。以下是土木工程项目干系人协调管理的主要内容。

1. 利益平衡和期望管理

分析不同干系人的利益和期望，确保项目目标和各方期望之间的平衡。通过开展干系人分析，了解他们的关切点，从而制定合适的管理策略，以最大程度地满足各方需求。

2. 沟通计划

制订全面的沟通计划，明确各类干系人的信息需求和沟通渠道。有效的沟通有助于建立透明的工作关系，减少误解和矛盾，提高项目管理的透明度。

3. 冲突管理

针对干系人之间可能出现的冲突，建立有效的冲突解决机制。项目管理团队应具备解决冲突的技能，能够及时干预并采取适当的措施，以防止冲突对项目产生负面影响。

4. 合作与协作

促进各方之间的合作和协作，建立积极的工作关系。通过鼓励共同努力、分享信息和资源的方式，营造有利于项目成功的团队氛围。

5. 风险管理

针对干系人可能带来的风险，制订相应的风险管理计划。识别潜在的问题和挑战，采取预防和缓解措施，以降低不确定性对项目的影响。

6. 变更管理

对于可能引起干系人关切的变更，建立健全的变更管理机制。确保变更的提出、评估和实施过程具有透明度和公正性，减少因变更引发的争议。

土木工程项目的干系人协调管理是一个动态的过程，需要不断适应项目环境的变化。通过综合考虑各方的利益，制订全面而灵活的管理计划，项目管理团队可以更好地引导项目向成功的方向发展。

二、干系人参与管理

在土木工程项目中，建立有效的干系人参与机制是确保项目成功实施的重要一环。有效的干系人参与不仅可以增加项目的成功机会，还能够提高项目的透明度和可持续性。以下是建立有效的干系人参与机制以确保他们对土木工程项目的支持和参与的详细阐述。

首先，建立开放的沟通渠道是干系人参与管理的关键。通过定期的会议、项目报告、工作坊等形式，确保信息的双向流动。这有助于干系人了解项目的最新进展，同时也为他们提供提出问题和建议的机会。透明度的沟通有助于建立信任，提高干系人对项目的支持度。

其次，制订明确的干系人参与计划。在项目计划中明确干系人参与的时间点、方式和内容，确保他们在关键决策和阶段中能够有所贡献。通过识别关键的决策点和里程碑，有目的地邀请相关的干系人参与，使其感到他们的意见和反馈对项目具有实质性的影响。

再次，实施定期的干系人满意度调查。通过定期的调查了解干系人对项目管理和执行的满意度，以及他们的期望和需求。收集反馈信息有助于及时发现问题并做出调整，从而保持干系人的积极参与和支持。

复次，建立专门的干系人参与团队。在项目中设立专门的团队或委员会，由代表各类干系人的成员组成。这个团队可以定期召开会议，共同讨论和解决项目中的问题，并提供专业建议。这样的团队可以有效地促进不同干系人之间的合作和理解。

最后，鼓励干系人的积极参与。通过奖励机制、认可制度等方式，激励干系人积极参与项目。可以包括表彰在项目中做出卓越贡献的干系人，或提供培训和发展机会，以增强他们对项目的归属感和参与感。

通过以上措施，项目管理团队能够建立起一个积极而有效的干系人参与机制，从而确保他们对土木工程项目的支持和积极参与。这不仅有助于项目的顺利实施，也能够为未来的项目成功奠定坚实的基础。

三、利益管理和平衡

利益管理是一种系统性的方法，旨在识别、分析、规划、实施和监控项目或组织中各方（干系人）的利益，以最大化共同利益、降低冲突、提高满意度，并确保项目或组织能够实现长期成功。土木工程项目中进行利益管理是一种综合性、前瞻性的管理方法，有助于项目管理团队更好地理解和平衡各方的利益，提高项目的成功机会，确保项目对所有干系人都具有可持续的正面影响。

在土木工程项目中，利益管理和平衡干系人之间的利益是确保项目成功的至关重要的任务。首先，通过深入的干系人分析，项目管理团队能够清晰地了解每个干系人的期望、关切点和需求，建立起全面的利益地图。这为后续的平衡工作提供了基础。在这个过程中，识别关键利益并为其确定优先级成为关键步骤，以便有针对性地进行管理和冲突解决。

通过建立开放的沟通渠道，及时传递项目进展和决策信息，可以减少信息不对称可能导致的冲突。此外，定期召开干系人会议是促进沟通和了解各方立场的有力手段。这种形式的直接互动为项目管理团队提供了识别和解决潜在冲突的机会。

当不同干系人之间的利益发生冲突时，应当设立有效的冲突解决机制，包括协商、调解和妥协等方式，以确保争议得到及时解决，不影响项目的正常推进。此外，项目管理团队需要采用灵活的管理策略，能够根据项目阶段和情境调整对干系人的管理方法，以保持平衡。

通过协同努力，寻找既能满足项目目标又能满足各方利益的方案，最终实现共同的成功。定期监测干系人的满意度和项目进展可以更好地理解干系人的动态需求，并在必要时调整管理策略以保持利益的平衡。

综合而言，通过上述措施，土木工程项目能够建立起一个积极而有效的利益管理机制，平衡不同干系人的利益，解决潜在的冲突，确保项目朝着共同的成功目标稳健推进。这种综合的利益管理方法不仅有助于项目的成功实施，也为未来的项目成功打下了坚实的基础。

四、沟通与利益管理

在土木工程项目中，沟通是确保良好利益管理的关键元素之一。与干系人建立良好的沟通渠道有助于保持透明和开放的工作环境，及时分享项目信息，从而更好地理解和平衡各方的期望和需求。

1. 干系人沟通计划

制订全面的干系人沟通计划是确保项目信息传递的基础。该计划应明确不同干系人的信息需求、沟通频率、沟通方式和内容。通过提前制订好沟通计划，项目管理团队能够更有条理地与各类干系人保持联系。

2. 双向沟通

建立双向的沟通渠道，确保不仅是项目管理团队向干系人传递信息，也能够从干系人处获取反馈和建议。双向沟通有助于及时发现潜在的问题和冲突，从而采取有效的措施解决。

3. 透明度与开放性

保持透明度和开放性是建立信任关系的关键。项目管理团队应随时提供项目的最新信息，包括进展、风险、变更等方面的信息。公开透明的信息共享能够降低干系人的不确定性，提高对项目的信心。

4. 项目报告和更新

定期发布项目报告和更新，向所有干系人提供项目的当前状态和未来计划。可以通过定期的项目会议、邮件通知、定期报告等方式进行，确保各方对项目进展有清晰的了解。

5. 应急沟通机制

设立应急沟通机制，确保在出现重要变化或紧急情况时能够及时通知干系人。可以通过设置紧急联系人、建立热线电话等方式，在需要时快速响应和解决问题。

6. 定期沟通会议

定期召开干系人会议，直接与各类干系人进行面对面的沟通，使项目管理团队能够更深入地了解各方的关切和需求，及时解决问题，加强合作。

7. 使用多种沟通渠道

不同的干系人可能更偏好不同的沟通渠道，包括会议、电子邮件、社交媒体等。项目管理团队应该灵活运用多种沟通渠道，以确保信息能够全面传递到各个层面。

上述沟通措施可以使项目管理团队与干系人建立起良好的沟通关系，营造透明和开放的工作氛围。这有助于提高干系人对项目的理解，降低信息不对称可能导致的冲突，从而更好地实现利益的管理和平衡。

第四章 土木工程项目质量管理

第一节 质量管理概述

一、质量管理的相关概念

（一）质量及质量管理

质量是指产品、服务或过程固有特性的程度，这些特性能够满足明确或隐含的需求和期望。它不仅关乎产品的特性，还涉及工作质量以及质量管理活动体系运行的品质。质量关注的是固有特性，它是产品、服务或过程所具备的、满足顾客和相关方需求的特性，通过这些特性来表征满足要求的程度。

特性是用来区分事物特征的要素。这些特性可以是固有或赋予的、定性或定量的，包括物质特性（机械、电气、化学、生物等）、感官特性（嗅觉、触觉、味觉、视觉等）、行为特性（礼貌、诚实、正直等）、人体工效特性（语言、生理、安全等）以及功能特性（飞机的航程、速度等）。质量特性是固有的，是产品、过程或体系设计和开发后所具备的属性。这些特性是永久存在的，与产品本身密切相关。相对而言，赋予的特性（例如产品的价格）并非产品、过程或体系的固有特性，不被视为质量特性。

满足要求意味着符合明确规定的（如合同、规范、标准、技术文件中规定的）、通常隐含的（如组织惯例、一般习惯）或必须遵守的（如法律法规、行业规则）需求和期望。质量好坏的评判取决于对这些要求的满足程度。除了顾客需求外，质量要求还涉及其他相关方的利益，如组织自身利益、供应商的利益、社会利益等。因此，评定良好或优秀的质量需要全面满足这些要求，包括安全性、环境保护、节约能源等外部强制要求。

顾客和其他相关方对产品、过程或体系的质量要求是动态、发展和相对的。随着时间、地点和环境的变化，质量要求也会随之改变。技术的进步、生活水平的提高都会带来新的质量要求。因此，需要定期评估质量要求，修订标准规范，持续开发新产品、改进现有产品，以满足变化中的质量需求。同时，不同地区由于自然环境、技术水平、消费习惯等差异，对产品有不同的要求，产品应具备适应性，满足不同地区用户的需求。

质量管理是协调组织内部活动的过程，旨在掌控和指导与质量相关的各项工作。它包括建立质量方针、质量目标和职责，通过质量策划、控制、保证和改进等手段在质量管理体系中实施和实现所有质量管理职能的活动。这意味着质量管理涉及从规划到实施再到持续改进的全过程，确保产品、服务或过程能够符合预期质量标准并不断提升。

（二）土木工程项目施工质量及质量管理

土木工程项目的施工质量指的是该项目施工活动及所产出的产品质量。这包括确保施工过程符合业主（顾客）的需求，并且遵循国家法律法规、技术标准、设计文件和合同要求。施工质量不仅要求产品具备安全性、使用功能、耐久性等方面的特性，还需综合考虑环境保护等方面的明示和隐含需求。其质量特性主要表现在建筑工程的适用性、安全性、耐久性、可靠性、经济性以及与环境协调性等六个方面。

土木工程项目的质量管理是指在施工、安装和验收阶段，对工程项目质量进行指挥和控制的协调活动。这涉及对施工围绕不断更新的质量要求进行规划、组织、计划、实施、检查、监督和审核等管理活动的全过程。质量管理是工程项目施工各级职能部门领导的职责，其中施工项目经理担负着最高领导责任。施工项目经理需要调动施工质量相关的所有人员的积极性，确保每个人员充分发挥作用，以完成施工质量管理的任务。

在土木工程项目中，质量管理包括多个方面：

1. 制订实现施工质量目标的计划，明确质量控制的标准和方法。
2. 实施计划，持续监测和调整施工过程，确保符合质量标准。
3. 确保工程施工符合预期质量水平，包括预防和纠正潜在的问题。
4. 不断寻求提升，采取措施改进施工流程和技术，以达到更高的质量标准。
5. 进行定期审核，确保质量管理体系的有效性，并进行必要的监督和指导。

在土木工程项目中，每个阶段都需要注重质量管理。从前期规划到施工阶段再到竣工验收，质量管理是一个持续的过程。关键是建立合理的质量管理体系，确保所有相关方了解并履行其在保证工程质量方面的责任。这样的全面质量管理能够保证土木工程项目的顺利进行并最终交付高质量的成果。

二、土木工程项目质量管理的重要性

土木工程具有诸多特点，如施工周期长、恶劣施工环境、不固定施工条件、施工难度大等，这些特点增加了施工过程中的不确定性和复杂性。在这种环境下，土木工程往往受到各种不可控因素的影响，例如恶劣天气、复杂的地质结构、工程环境等，这些因素会导致施工作业环境不稳定，使得质量控制变得更加困难。尤其是随着现代化进程的加速推进，土木工程项目规模和数量的不断增加，施工质量问题也逐渐凸显，成为一个亟待解决的重要问题。

在土木工程领域，建筑质量问题日益突出。数据显示，近年来建筑领域投诉案件不断增加。这反映了土木工程质量存在的一系列问题。因此，相关部门必须高度重视土木工程质量的管理，采取有效措施来降低安全隐患，减少由于物料、设备、人员等因素导致的安全问题，从而确保施工人员的安全，保障工程质量。

为了提高土木工程质量管理水平，关键是制定科学的质量管理方案。这一方案必须包括计划、实施、检查和改进等环节。重点在于设立明确的质量监管目标，以确保各建筑施工企业严格遵守工程勘察设计标准和技术规范。同时，需要分阶段落实质量管理方案的目标和内容，并强化施工过程的监管力度，及时纠正质量问题，以科学的方式控制土木工程施工活动，确保工程达到预期的质量效果。

此外，加强质量管理还有助于建立良好的区域形象，提升土木工程在市场竞争中的地位，从而获取更多的经济效益。高质量的土木工程质量管理不仅关乎项目本身的成功，更关系到建筑安全、地区形象和经济利益的稳健增长。因此，持续加强质量管理是确保土木工程项目顺利进行、取得优质成果的关键所在。

三、目前土木工程项目质量管理的不足

土木工程项目质量管理在当前阶段存在着一些不足之处，这些问题可能导致工程质量的下降，以及可能的安全隐患的出现。值得关注的是在土木工程项目中，质量管理并未得到充分的重视和严格执行。这种情况可能有多方面的原因。

首先，项目管理层面存在一定程度的不足。有时候，项目管理团队可能缺乏足够的专业知识或者经验，无法充分了解工程质量管理的重要性和实施细节。这可能导致管理层在项目进行过程中对质量管控不够细致，或者在制定和执行质量管理计划时存在疏漏。在一些情况下，可能会忽视严格的质量标准或者是对监督工作不够到位，从而影响整个工程的质量。

其次，施工过程中的监管与控制也存在着一定程度的不足。监理部门或者相关的监督单位在工程施工过程中的监管力度不够，可能导致承包商在施工过程中存在一些违规操作或者使用不合格材料的情况。由于监督不到位，这些问题可能被忽略或者未能及时发现和解决，进而对工程的质量造成潜在威胁。

最后，可能存在着质量管理制度不完善或者执行不到位的情况。有时候，项目团队可能缺乏严谨的质量管理体系，或者在实际执行中存在管理漏洞，例如，对于质量问题的追踪、整改和总结不够及时或者不够彻底，这可能会使得问题反复出现，影响项目整体质量。

总体来说，当前土木工程项目质量管理不到位的主要原因可能在于管理层面的不足、监督控制的缺失以及制度执行方面的问题。要解决这些不足，需要加强项目管理团队的专业培训和知识更新，提高监理和监督力度，建立健全的质量管理体系，并加强对质量问题的跟踪和整改，以确保土木工程项目的质量和安全。

四、土木工程项目质量管理的原则

土木工程项目质量管理的原则是确保工程建设过程中的质量达到标准、可持续和安全的基本准则。这些原则涵盖了从项目规划到实施阶段的方方面面，确保工程项目的质量符合预期，并最大程度地满足利益相关者的需求。

(一)标准化原则

制定和遵守统一的质量标准和规范是确保工程质量的稳定性和一致性的基础。首先,建立合适的标准和规范。这需要根据行业最佳实践、法律法规以及项目特定要求,制定出详细而全面的质量标准和规范。这些标准和规范应该涵盖工程设计、施工过程、材料选用、验收标准等各个方面,以确保每个环节都符合预期的质量标准。其次,确保团队遵循执行这些标准和规范。这需要进行全员培训和教育,让每个参与项目的成员了解并理解质量标准的重要性,并知晓如何按照这些标准执行工作。监督和管理团队需要持续监控和评估工程实践是否符合标准,及时发现并纠正偏差。

(二)客户满意原则

在土木工程项目中,客户的满意度直接关系到工程项目的成功与否。确保工程交付的成果符合客户的需求和期望是关注客户满意度的核心。这个原则强调需要与客户充分沟通,了解客户的需求和期望,并将其作为质量管理的关键指标。这包括在项目初期确立清晰的目标和要求,持续与客户保持沟通,及时解决客户提出的问题和需求变更,并在工程交付前进行充分的验收,确保交付的成果符合客户期望。

(三)全员参与原则

在土木工程项目中,参与者包括项目管理人员、工程师、技术人员、施工人员等多个层面的工作人员。每个人都在工程的不同阶段发挥着重要作用,因此,每个人都应该对工程质量负起责任。

全员参与意味着每个人都应该了解和认同质量管理的重要性。这包括理解工程质量对项目成功的重要性,知晓质量标准和规范,并将其融入自己的工作中。参与者不仅需要积极执行任务,还应该主动发现和报告可能存在的质量问题,参与质量改进和解决方案的讨论。

鼓励和支持全员参与质量管理,需要进行定期的培训和教育,使团队成员具备质量管理所需的知识和技能;设立有效的沟通渠道,使团队成员能够分享质量管理的想法和建议;以及建立奖励机制,激励和认可积极参与质量管理的团队成员。

通过全员参与原则,可以实现更广泛的质量管理视角,将每个人都变成质量管理的监督者和改进者。这种广泛参与有助于及早发现和解决问题,提升团队的责任感和凝聚力,从而确保整个项目的质量水平达到预期标准。

(四)全过程管理原则

质量管理应该涵盖项目的每个阶段,从最初的规划和设计阶段,到材料采购、施工实施,再到最终的验收和交付。每个阶段都需要有相应的质量管理措施和监控机制。

全过程管理强调在每个环节都要预防和避免可能出现的质量问题,而不是等到问题出现后再进行修正。通过在设计、采购和施工过程中强调质量控制和质量保障,可以有效地减少问题的出现,提高工程质量。

(五)持续改进原则

质量管理需要不断地进行评估和改进。定期收集来自不同阶段和参与者的反馈信息，包括客户需求、项目团队的建议、质量问题的报告等。这些信息可以帮助了解当前质量管理的状况。对工程过程和结果进行全面审查和评估，发现问题和不足之处。这种审查可以帮助识别质量管理中的弱点和改进空间。从项目经验中汲取教训，总结成功经验和失败教训。这有助于形成更有效的质量管理方法和流程。最后，根据反馈信息、审查结果和教训总结，不断改进质量管理的方法和流程。这种持续改进是提升工程质量的关键。

第二节 质量管理体系的构建与运行

一、土木工程质量管理体系的定义及作用

土木工程质量管理体系是承包商根据国家法律法规以及行业相关标准、规范，结合自身企业的质量管理体系，运用系统化方法，旨在确保工程质量达标的一套组织、流程和标准。该体系涉及策划并建立项目部组织结构，以适应工程项目需求；针对施工过程中影响工程质量的因素和活动，制订详尽的工程项目施工质量计划；同时，严格按照质量管理活动的总和实施，确保质量标准得到符合和维持。其目标是保证工程项目按照规定标准和质量要求完成，以满足客户期望并遵循相关法规。这个体系强调系统性、综合性的质量管理方法，旨在持续改进和确保工程项目质量的稳定提升。

构建质量管理体系在土木工程项目中具有重要作用。这一系统化的方法不仅是确保工程项目达到质量标准的手段，更是提高工程质量、降低风险以及满足利益相关者期望的关键因素。

首先，质量管理体系确保工程项目质量符合规范和客户要求。通过建立明确的质量标准、程序和流程，该体系确保土木工程在设计、施工和交付阶段的各个环节都能达到规定的质量标准。这有助于避免出现缺陷和错误，从而提高工程的可靠性和耐久性，满足客户的期望。

其次，质量管理体系有助于降低风险和成本。在早期识别潜在的质量问题，并采取预防性措施，可以避免后续在工程进展中出现严重的缺陷或错误，从而减少重做和修复所需的成本和时间。这种预防性的方法有助于降低项目整体风险，确保工程按时按预算完成。

再次，质量管理体系能够提升利益相关者的满意度。不仅满足了客户对工程质量的期望，也能够增强其他利益相关者，如政府监管机构、投资者和公众对工程项目的信心。一个经过良好质量管理的工程项目通常意味着更高的信誉和声誉，有助于未来项目的吸引力和成功。

最后，质量管理体系促进持续改进。通过收集数据、分析绩效并实施纠正措施，质

量管理体系给工程提供了持续改进的机会。这种循环性的方法有助于不断优化工程项目的质量管理过程，提高效率、降低成本并进一步提升质量水平。

二、质量管理体系的建立

（一）土木工程项目质量管理体系的构建原则

1. 分层次规划的原则

这个原则将质量控制系统层层分解。建设单位和工程总承包企业作为第一层次，负责整个项目和总承包工程项目的质量控制系统设计。第二层次涉及设计单位、施工企业（分包）、监理企业，在建设单位和总承包工程项目质量控制系统的框架内进行质量控制系统设计。这种层次化的设计使得质量控制更为具体、系统更为清晰，确保了各个责任主体在整体框架下有清晰的质量职责。

2. 目标分解的原则

按照建设标准和工程质量总体目标，将这些目标分解到各个责任主体，并在合同条件中明确表述。每个责任主体根据分解得到的目标制订质量计划，明确控制措施和方法，以确保整体目标的实现。

3. 质量责任制的原则

此原则强调按照国家法律法规和合同文件的要求，建立质量责任体系。这包括明确每个责任主体在质量控制中的具体职责和义务，确保项目中的每个环节都有相应的质量责任，从而达到全面控制和监督质量的目的。

4. 系统有效性的原则

这个原则着重于确保整个质量管理体系的系统有效性。它要求组织、人员、资源和措施在整体系统和局部系统中的有效实施和落实。这意味着不仅要有明确的规划和目标，还需要有具体的操作和有效的执行，确保系统的运作达到预期的效果。

这些原则在土木工程项目中具有重要意义，为质量管理提供了清晰的指导和框架，使得质量控制更加全面、系统和有序，确保工程项目在各个阶段达到预期的质量水平。

（二）质量管理系统建立的程序

1. 确定工程质量负责人及管理职责

确定负责工程质量的负责人员在不同层面负责督导和管理质量控制工作。这些人员应有明确的管理职责和权力范围，确保每个层面的工程质量得到有效监督。这个步骤形成了控制系统的网络架构，确保各级质量管理人员对项目质量负有责任并能有效地协同工作。

2. 确定领导关系、报告审批及信息流转程序

确定质量管理体系中不同组织之间的领导关系和信息流转程序。这包括了各级质量管理人员之间的汇报关系、审批流程、信息传递方式等。明确各级别之间的上报、汇报、审批程序和路径，确保质量信息能够及时传达到决策层，并确保决策层对质量问题有足

够的了解和掌控。这个步骤能够确保信息畅通，提高问题解决的效率和及时性，有利于快速响应和解决可能存在的质量问题。

3.制定质量控制工作制度

制定质量控制工作制度包括质量控制例会制度、协调制度、验收制度和质量责任制度等几个方面。

首先，质量控制例会制度是为确保质量问题及时发现和解决而设立的。定期召开质量控制例会（例如每周或每月），各相关责任主体参与讨论和审查工程项目的质量进展、存在的问题以及改进措施。这些会议为不同部门和团队提供了交流和合作的平台，有助于及时协调解决问题，保证质量目标的达成。

其次，协调制度对于各参与方之间的协同合作至关重要。在土木工程项目中，设计单位、施工企业、监理机构等各方需要紧密协作，共同致力于确保项目各个阶段的质量控制和管理工作能够有序进行，确保工程质量符合标准和要求。

再次，验收制度是保证工程质量达标的重要环节。制定明确的质量验收制度，明确工程项目各个阶段的验收标准和程序，有助于在特定阶段或完成特定工作后进行严格的验收，以确认工程质量是否符合质量标准和要求。

最后，质量责任制度是确保每个参与者在质量管理中承担明确责任的重要机制。这个制度确保各级管理人员和工程人员在质量控制、记录和报告等方面都有具体的责任和义务，促进了质量管理责任的落实，确保每个人都能够认识到自己在质量保证中的作用和重要性。

4.部署各质量主体编制相关质量计划

首先，明确项目中的各质量主体，例如建设单位、设计单位、施工企业、监理机构等，以及每个主体在项目中的具体质量管理职责范围。确保每个主体清楚了解自己在项目中的质量责任。然后，各质量主体根据项目要求和自身职责，制订符合要求的质量计划。这些计划应该包括质量目标、检查和测试计划、验收标准、质量控制措施、问题解决方法等，确保各个阶段的工作都符合质量要求。完成质量计划后，按照规定程序进行审批。这可能涉及内部审批流程，需要负责人或相关部门对质量计划进行评审和批准。审批程序确保质量计划的合规性和有效性。一旦各个质量计划经过审批，它们就成为项目质量控制的依据。这些计划包含了质量管理的基本框架和具体措施，为项目的实施提供了明确的指导和标准。

完成质量计划的制订和审批后，并不意味着工作结束。持续的监督和调整是必要的。质量主体需要定期监测和评估质量计划的执行情况，发现问题并及时调整和改进计划以确保质量目标得以实现。

5.研究并确定控制系统内部质量职能交叉衔接的界面划分和管理方式

研究各个质量职能在项目中的职责和工作范围，确定各部门或团队之间的质量管理职能和任务分工，划分清晰的界面，明确责任和权限。这可能涉及设计、施工、监理、质检等部门，需要确保各自的工作内容和职责范围有明确的分隔和连接。

设计交叉衔接的工作流程，明确不同部门之间的信息传递和协作流程。确保质量信息、问题或决策在不同部门之间能够流畅地传递和处理，避免信息滞后或失误。这可能需要建立规范的会议、报告和沟通机制，确保信息共享和决策协同。

确定并建立内部协作机制，鼓励部门之间的合作和交流。可能需要定期召开跨部门会议或工作坊，讨论共同关注的问题、分享经验和最佳实践，推动质量职能的跨部门合作与交流。

研究并建立信息共享平台或技术支持系统，以便各个质量职能部门可以实时获取必要的信息和工具。这可能包括共享数据库、在线协作工具、质量管理软件等，以促进信息共享和项目数据的实时更新。

建立监督和评估机制，定期审查交叉衔接的界面划分和管理方式的有效性。通过持续的监督和评估，发现并解决交叉衔接中的问题和瓶颈，及时调整和改进质量职能间的协作方式。

三、质量管理系统的运行

（一）管理系统运行的动力机制

工程项目质量管理系统的运行核心是其动力机制，而这个动力机制源自各方的利益机制。在一个土木工程项目的实施中，有多个主体参与，而保持合理的供方和分供方关系对于构建质量控制系统的动力机制至关重要。这一点对业主和总承包方都有着同等重要的影响。

首先，质量控制系统的动力机制源于各方的利益驱动。不同主体参与工程项目，各自追求着不同的利益。业主希望项目能按时、按质要求完成，以满足投资回报和声誉需求。总承包方则期望项目的高质量完成，以确保项目进度和获得良好的口碑。其他供应商和分包商也有着各自的利益诉求。这种利益诉求是驱动各方积极参与质量管理的动力。

其次，合理的供方和分供方关系是动力机制的关键组成部分。建立稳定、合作良好的供应链关系对于确保质量控制至关重要。业主与总承包方之间、总承包方与分包商之间的合作关系需建立在互信、合作和相互支持的基础之上。这种合作关系有助于确保信息畅通、责任明确，使得质量问题可以被及时发现和解决，提升项目整体的质量水平。

最后，持续的沟通和监督是确保动力机制运转的重要手段。业主和总承包方之间、各级供应商和分包商之间需要建立良好的沟通机制，及时共享信息、讨论问题，并确保各自承担的责任得到落实。同时，持续的监督和反馈机制有助于发现和纠正潜在的质量问题，促进整体质量的提升。

（二）管理系统运行的约束机制

管理系统运行的约束机制是确保工程质量保持受控状态的关键。这一约束机制包含了自我约束能力和外部监控效力两个方面。自我约束能力主要涉及质量责任主体和质量活动主体（组织和个人）的内在素养和能力，而外部监控效力则来自外部的推动、检查和监督机制。加强项目管理文化建设对于强化工程项目质量管理系统的运行机制至关重要。

首先，质量责任主体和质量活动主体必须具备良好的经营理念、高度的质量意识、职业道德和优秀的技术能力。这种内在素养和能力的发挥能够确保各个参与者自觉地履行自己的职责，关注质量问题，从而有效控制和保证工程质量。

其次，来自外部的推动、检查和监督机制，例如政府监管、第三方检查评估、行业标准等，都对工程项目质量管理系统的运行起到了至关重要的作用。这种外部压力和监督促使各方更加注重质量，提高了整体质量管理的效果和水平。

最后，项目管理文化建设对于强化这两方面的约束机制至关重要。通过培养良好的管理文化，强调质量意识、职业操守和技术能力的重要性，能够提高各参与者的责任感和自我约束能力，同时也有助于塑造外部监督机制的有效性和权威性。

（三）管理系统运行的反馈机制

管理系统运行的反馈机制是确保系统能力评价和决策依据的重要手段。这种机制通过收集、分析运行状态和结果的信息，评估系统的控制能力，并为及时做出处置提供决策依据。保持质量信息的及时性和准确性，以及质量管理者深入生产一线，掌握第一手资料，对于这一反馈机制的有效实施至关重要。及时、准确的质量信息是反馈机制的基础。这包括从项目各个阶段和环节收集的数据、质量报告、问题记录和验证结果等。对这些信息应当及时汇总、分析和报告，以便评估工程项目质量管理系统的运行状况，并能为决策提供可靠的依据。质量管理者深入生产一线，掌握第一手资料，对于质量信息的获取至关重要。质量管理者亲临现场，了解项目的实际情况和问题，能够更准确地掌握质量状况、识别问题，并直接了解工作人员的反馈和建议。这种直接观察和沟通的方式有助于获取全面、准确的质量信息。这些质量信息的收集和分析为系统的控制能力评估提供了依据。通过对信息的综合分析和评价，可以发现潜在的问题和趋势，评估质量控制措施的有效性，并及时做出调整和改进，以保证工程项目质量处于受控状态。

第三节　质量控制

一、影响土木工程项目质量的因素

（一）人员

人员在土木工程项目中扮演着核心角色，他们的参与直接影响着项目的质量和执行。有效的人员管理意味着对组织者、指挥者和操作者的行为进行控制，以最大限度地调动他们的积极性，并尽可能地避免人为失误。无论是项目规划、决策、勘察、设计还是施工，都需要人的参与，而人员的素质将直接或间接地影响到这些环节的质量。因此，在管理人员因素时，需要全面考虑他们的技术水平、生理和心理状况，以及可能的错误行为对项目质量的潜在影响。为此，招聘应遵循量才录用、充分发挥优势、避免短板的原则，同时综合考虑多方面因素进行全面控制。政治思想、劳动纪律和职业道德的加强，专业技术知识的全面培训和技能提升，行业资质管理和持证上岗制度的实施，以及建立责任制和奖惩机制，都是重要措施。另外，劳动条件的改善也是重要的，目的在于杜绝人为因素对项目质量的不利影响。

（二）材料

材料质量的控制是确保工程质量的基石，因为如果材料质量不达标，工程质量就无法符合标准。因此，强化对材料质量的控制是提高工程质量的关键保障。

对材料进行控制需要满足一系列要求，包括但不限于：确保进入工程现场的材料必须具备产品合格证或质量保证书、性能检测报告，并且符合设计标准的要求；所有需要复试检测的建筑材料必须通过复试合格才能使用；引入国外工程材料时必须符合国内相应的质量标准；严禁混放易污染、易反应的材料；在设计和施工过程中，合理选择材料、构配件和半成品，杜绝混用或少用，以免导致工程质量失控。

这些措施旨在确保所用材料的合规性和质量，以降低工程质量问题的发生可能性。只有严格控制和合理使用材料，才能保证工程质量达到预期标准。

（三）设备

设备在土木工程中分为两类：工程项目设备和施工机械设备。工程项目设备包括构成工程实体、为工程提供技术支持的设备，例如电梯、泵机、通风空调等，它们直接关系到工程的使用功能和质量。而施工机械设备是工程实施的重要物质基础，合理选择和正确使用这些设备对于确保施工质量至关重要。

因此，对工程项目设备和施工机械设备的控制非常重要，涉及购置、检查验收、安装质量和试车运转等方面。这些步骤确保了设备的质量达到要求，从而保障工程项目质量目标的实现。只有确保设备的质量和正常运转，才能有效地支持工程实施，确保工程质量符合预期标准。

（四）方法

施工方法的控制涉及施工技术方案、工艺流程以及技术措施等方面。采用先进和合理的工艺技术，根据规范的工作方法和操作指南进行施工，将对工程质量的各项因素，如产品精度、平整度、清洁度和密封性等物理和化学特性产生积极的推动作用。

举例来说，近年来建设部在全国建筑业推广了十项新技术，其中涵盖了地基基础和地下空间工程技术、高性能混凝土技术、高效钢筋和预应力技术、新型模板脚手架应用技术、钢结构技术，以及建筑防水技术等。这些技术的推广应用对于确保建设工程质量，消除质量问题都发挥了积极的作用，并取得了显著的效果。

采用先进的工艺和技术,依据规范的施工方法来操作,可以有效地改善工程质量,并提升工程执行过程中的效率。这种方法的采用为工程质量和可持续性提供了更可靠的保障。

(五)环境

环境因素在土木工程中至关重要,它包括工程技术环境、工程管理环境和施工作业环境三个方面。

工程技术环境主要考虑自然因素,例如工程地质、水文、气象、周边建筑、地下管道线路等,以及其他无法控制的因素。在制订施工方案和计划时,需要充分考虑自然环境的特点和规律,制定可行且有针对性的技术方案和施工对策。这包括预防地下水和地面水对施工的不利影响,并确保周围建筑和地下管线的安全。

工程管理环境指施工单位的质量保证体系和管理制度。需要根据承包合同结构,明确各参与施工单位之间的管理关系,建立现场施工组织系统和质量管理的综合运行机制,使质量保证体系处于良好状态。

施工作业环境指施工现场的各种条件,如水电供应、照明、通风、安全防护、场地空间条件、交通运输和道路状况等。这些条件的良好与否直接影响着施工的顺利进行。因此,在施工过程中需要规范现场机械设备、材料构件、道路管线以及各种设施的布置,落实各种安全防护措施并做好明确标识,确保施工道路畅通,并针对特殊环境采取通风、照明等措施,以确保施工作业的安全性和有效性。

二、土木工程项目各阶段质量控制的实施

(一)工程项目设计质量控制

工程项目设计质量的控制在工程过程中至关重要。它涉及多个方面的细节。

1. 设计单位的选择:

设计单位对设计质量负有直接责任。选择合适的设计单位对工程的质量至关重要。一些业主或项目管理者在项目初期可能忽视这一点,因便捷、节省费用或其他选择不合格的设计单位或甚至是业余设计者,导致出现严重的经济损失甚至责任事故。设计工作是高智力与技术艺术相结合的工作,其成果评价相对困难。因此,对设计单位的选择必须高度重视。设计单位必须具备适用于项目的资质等级证书,拥有该项目所需的成熟技能和成功经验。

2. 设计前控制

在设计开始前进行必要的控制是保障设计质量的重要环节。

(1)设计条件:确保掌握设计所需的原始资料及其可靠性,特别是工程勘察中的地形地质资料、水文特征等资料。

(2)设计大纲:包括设计原则、规程、规范、技术标准,基本数据和条件、设计参数、定额、建设规模论证、设计方案比选、材料工艺设计准则等内容。

（3）设计工序质量控制措施与设计校审制度：确保在设计工序中实施质量控制措施和设计校审制度。

3. 设计方案论证审查

鼓励设计单位进行多方案比选和设计方案优化，包括工程规模确定、工艺设备方案、建筑物形式方案、结构体系等。在选择设计单位的同时，需选择优良的设计方案。针对重大技术问题进行专门的科研试验、研究、比较，最终选择最优方案。

这些步骤和措施将有助于确保工程项目设计阶段的质量控制，为工程的成功实施奠定坚实的基础。

（二）工程项目施工质量控制

1. 施工企业负责质量控制

在工程项目施工阶段，质量控制成为施工企业的责任。这个阶段的质量控制需要保证工程各要素（如材料、设备、工艺）符合规定要求，不仅在单项工程上，还需确保整个工程的质量达标，能够符合设计要求并安全、高效地运行。施工企业在质量控制中应遵循合同和设计文件的规定，对采用的材料、工艺以及执行过程进行严格监控，确保施工结果符合标准。同时，供应商和承包商也承担着重要责任，必须提供符合质量标准的材料和服务，而工程执行团队也需要遵守相关规范，确保施工质量符合要求。整个质量控制过程需要持续不断地监督和执行，以确保工程质量达到预期目标并具备经济性、安全性和高效性。

2. 实施者严格把关

在工程实施过程中，质量问题往往最直接影响工程的目标达成。实施者在质量控制中扮演着关键角色，因此，业主和项目管理者应高度重视选择合适的承包商和供应商。在委托任务、商谈价格、签订合同等过程中，必须重点考察他们的质量能力和信誉度。质量能力包括工艺技能、过往项目的质量记录、质量管理体系等方面的评估，而信誉度涉及其在业界口碑、履约能力以及对质量标准的认同程度。选择合适的实施者是保证工程质量的首要步骤，对其严格的评估和选择有助于最大限度地降低质量风险，确保工程目标能够顺利实现。

3. 培养质量控制意识

确保工程质量的关键在于将质量责任落实到实施者身上，而非仅仅依赖于检查者。建立完善的技术管理制度，并定期进行考核，是确保质量的有效手段。在合同、委托书或任务单中明确规定质量要求、确定质量标准、检查和评价方法，以及奖惩制度。这些要求不能含糊不清，应确保项目管理者拥有对质量进行绝对检查和监督的权力。同时，在投标文件中要求各投标单位清晰说明质量保证体系、措施和方法，并由专家审查这些措施和方法的适用性、科学性和安全性，作为选择承包商的依据。在实际工作中，需要警惕实施者为了提高效率和降低成本而牺牲质量的情况。当发现工期拖延或费用超支时，应优先考虑修改或制订详尽的计划，防止为了赶工期或降低费用而牺牲质量。质量是工程的内在因素，指标常常不够明显，容易被忽视。因此，向实施者灌输质量意识并建立相关责任制度是确保工程质量的重要举措。

4. 确定质量控制程序和权力

合同中明确了质量控制的权责分配，主要规定了控制过程、工程检查验收的规定，规范中则包含了专业分项的质量检查标准、过程、要求、时间和方法。业务工作条例则涵盖了项目各方参与协调的方法和流程。质量控制程序涵盖了广泛的内容，包括设备和材料采购、工艺、隐蔽工程、分项工程、分部工程、单位工程、单项工程以及整个工程项目的最终检验和试运行等方面。

质量控制必须与其他控制手段（例如工程款支付、量方、合同处罚等）结合起来。在合同中需要明确规定管理者对不符合质量标准的工程材料和工艺的处置权。例如，可以包括拒绝验收和付款、指令拆除不合格工程并重新施工等措施。同时，由此引起的费用和工期延误需由责任者负责。此外，对于高质量的工程应该有相应的奖励措施。

5. 文件管理

文件管理在工程项目中至关重要。图纸、规范和模型等文件是设计者提出的质量要求文件，而质量报告文件则是实际工程状况的反映。在工程实施和各种控制过程中，应当收集、整理这些文件，以建立完备的技术档案。这些档案对于工程质量评价、质量问题分析、索赔和反索赔等方面具有重要作用。这些文件应当系统、全面地记录和说明已建工程的各个部分（包括工程、技术、设备等）的质量状况。通过对这些文件的完整性和准确性的管理，可以有效地支持对工程质量的评估和核查，为项目质量的维护和管理提供可靠的依据。

三、土木工程项目质量控制的方法

PDCA 循环法是指计划（Plan）、实施（Do）、检查（Check）、处置（Act）的四个阶段循环。这个方法旨在持续改进和优化质量管理流程，确保项目质量符合预期目标并不断提升。

1. 计划

首先，明确工程项目的质量目标和具体计划。这涉及确立项目质量标准、目标和预期成果。根据目标，制订实现目标的详细计划，包括资源分配、工作流程、时间表等。确定需要采取的措施和方法。

2. 实施

根据制订的计划和方案，实施具体的工作流程和措施。在实施阶段，收集相关数据和信息，记录实际执行情况。

3. 检查

对实施阶段的数据和信息进行评估和检查，与预期目标进行对比。分析实际执行情况是否符合预期要求。发现潜在问题、偏差或不足之处。确认质量管理过程中存在的挑战和改进空间。

4. 处置

针对发现的问题或不足，制定并实施纠正措施，解决存在的质量问题。根据检查阶段的反馈和纠正措施的效果，进行总结和评估。如果存在更好的方法，应该进行调整和改进以提高质量管理水平。

整个 PDCA 循环是一个连续不断的过程，每个循环的完成都为下一个循环提供了改进的机会。通过这个循环，工程团队能够不断地优化工作流程，解决问题并改进方法，逐步提高工程项目的质量水平，确保项目质量目标的实现。

第四节 质量管理案例分析

一、工程概况

某市创新中心位于该市科技园内，是一座新型的商业办公综合体，拥有国际一流的设计理念和先进的建筑技术。该项目由三栋大楼组成，分别是 A 座、B 座和 C 座，通过连廊相连，地下共有 3 层，地上 25 层，总建筑面积达到 18 万平方米。

主要功能区域包括创新创业孵化中心、商业办公空间以及多功能会议展览区。创新创业孵化中心提供初创企业所需的办公场地和支持服务，促进创新项目的孵化与发展；商业办公空间设计灵活多样，满足不同企业的办公需求；而多功能会议展览区则配备先进的设施设备，可举办各类大型活动和展览。

配套设施完备，包括餐饮服务、停车场、健身中心等，为员工和来访者提供便利和舒适的工作环境。该项目采用现代化的结构设计和绿色建筑理念，致力于打造一个智能化、高效能、环保节能的商业办公楼，为企业提供全方位的创业创新支持与服务。

二、质量管理目标

该商业办公楼的质量管理目标在开工之初就明确确定，旨在确保各方面质量达到甚至超越行业标准。首要目标是确保主体结构达到精品水准，强调安全稳定与高质量的建筑结构。其次，各分部分项工程的质量追求"优中更优"，强调每个细节和部分都达到优异水准。装饰装修工程的目标更是超越国家规范标准，注重提供高品质的装饰装修。

为实现这一目标，项目方完善了项目质量管理体系，组建了优秀的项目管理团队，设立了创优领导小组，以项目经理为核心，全面组织施工工作，确保高起点、高标准的工程质量。

秉持先进的质量管理理念是另一个关键，始终坚持"精心策划、过程控制、注重细节、一次成优、精益求精"的创优理念。通过制定全面创优方案、严格把控材料和构配件质量、持续监测、样板引领、加强成品保护以及持续过程改进等手段，成功实现了项目质量目标，确保了工程质量的优异水平。

三、项目质量管理措施

（一）技术措施

该商业办公楼的建设中，采用了多项创新技术和方法，旨在确保工程质量、提高效率，并关注环保和可持续发展。

首先，楼盖采用了 GZ 高分子组合芯模现浇钢筋砼空心楼盖板技术，通过专项设计、论证和实施监测，确保了支撑系统的稳定和高效。在建筑的不同部位，如 B 栋东立面和 C 栋西立面的钢连廊，采用地面拼装、分段整体提升的技术，解决了高空拼接难题，不仅提升了安装效率，也确保了施工安全。

其次，材料的处理与整体施工质量同样受到高度关注。采用电脑预排、现场复核、材料编号等措施，材料交接处和细部处理达到了精品效果，进一步保障了工程质量。通过合理选型和综合布局，安装工程整齐有序、布局美观，增强了整体视觉效果，同时也确保了运行的可靠性。

在环保和可持续方面，施工现场建设了低碳、节能、环保、绿色、文明的环境，确保了施工繁忙但有序进行，并与周边环境和谐共处。同时，推广应用新技术、新材料、新工艺和设备，积极开展技术攻关，不仅为加快施工进度和降低成本提供了保障，也为创造精品工程打下了坚实的基础。这些综合措施共同构建了一个注重质量、效率、环保和创新的建设模式，为商业办公楼的高品质建设奠定了坚实基础。

（二）质量检验

该商业办公楼的工程规模庞大，包含 10 个分部、50 个子分部和 582 个分项工程。针对工程质量目标，项目按照创"鲁班奖"工程质量标准进行了详尽的策划。更值得注意的是，施工过程中严格执行"一次成优"的原则，经过全面而细致的工程质量控制，所有工程均通过了第一次验收，并且全部合格。

1. 地基与基础工程

工程质量表现出极佳的稳定性和完整性。基础结构无裂缝、倾斜或变形现象，地下室没有渗漏问题，而且地基基础周围回填无沉陷现象。通过沉降观测得知，在最后的 100 天内，沉降速率小于 0.01 毫米/天，表明地基沉降速率非常缓慢，沉降均匀且已趋于稳定。这表明地基与基础工程的设计和实施都处于良好的状态，确保了建筑物整体的稳固和安全性。

2. 主体结构工程

混凝土结构质量表现出极高的水平。混凝土结构无露筋、蜂窝或孔洞现象，且没有出现结构性裂缝。混凝土表面达到了清水砼的效果，工程表面光滑平整。而且，混凝土强度评定结果符合设计要求，即混凝土的强度满足了预先规定的标准。这些表明主体结构的设计和施工都符合高标准，确保了建筑物的结构完整性和承载能力，为建筑物的长期使用提供了坚实的保障。

3. 装饰装修工程

建筑装饰装修工程展现出高水平的品质和细致施工。建筑外立面的施工方面呈现出精细的工艺。幕墙计算书齐全，经过四性检测符合设计与规范要求，并经历淋水试验和多次风雨考验，无渗漏、无污染。这表明外立面装饰工程的耐久性和质量达到了预期的高标准。

在室内装饰装修方面，工程种类繁多、要求高。地面、内墙面整体施工精细，颜色分布合理；室内吊顶合理分块、施工细致；墙壁、天花板、地面上的各类终端设备布局合理、有序排列、牢固安装；铝合金窗户灵活开启、严密关闭、配件精细安装，整体视觉效果良好；所有装饰装修材料均符合《民用建筑工程室内环境污染控制规范》的规定。此外，竣工后进行的室内空气质量检测也合格，证明室内环境达到了预期的卫生标准。

4. 防水工程

建筑屋面及防水工程方面，施工采用了多重严密的防水措施，确保了防水等级的达标。首先，地下室防水工程等级为Ⅱ级，采用了掺微膨胀剂砼结构自防水和JS防水涂料的双重防水设防。卫生间采用了JS防水涂料进行防水处理，这些措施都有助于确保地下室的防水质量。

而对于屋面防水工程等级为Ⅰ级的要求，采用了更加严格的防水方法。其中，使用了聚氨酯防水涂料、SBS防水卷材40毫米厚细石砼多道设防，屋面面层分别采用地砖和种植两种形式。此外，屋面排水划分合理、组织有序，排水坡度符合设计要求。通过蓄水和淋水试验以及一年多的实际使用，未发现渗漏和积水现象。

5. 设备工程

各项管道布局合理，接口牢固可靠，并通过水压试验合格，确保了水系统的稳定性和安全性。生活给水水质检测符合标准，保证了供水的卫生安全。水泵、管道配件和阀门排列整齐，运行平稳，无漏水现象，表明了系统的可靠性和高效运行。

消防工程按规范要求设立防火分区，装备了消防设施，如消火分区、消火栓、火灾自动报警系统、自动喷水灭火系统和防排烟系统，并经过验收合格，确保了建筑火灾安全和应急处理能力。

通风与空调系统水管冲洗合格，连接符合工艺要求，充水及水压试验合格且无渗漏，保障了系统的运行稳定性。风管连接严密，经过强度和漏风测试合格，防排烟系统的联合试运和调试符合设计和消防规定，确保了通风空调系统的有效运行和安全性。

电梯安装高度标准、连接可靠，运行平稳，门开关灵活，召唤盒安装高度统一，保障了乘客的安全和舒适。这些都显示出各项工程在设计、安装和运行阶段都符合标准，确保了建筑物各系统的稳定性和安全性。

6. 电气工程

建筑电气系统经过空载试运行和负荷通电运行后，显示出安全性和使用功能方面都达到了要求。电缆和电线的排布整齐有序，有助于系统运行的稳定性和安全性。配电柜安装位置正确、布局合理，确保了电气设备的安全运行，同时方便了日常维护。室内灯具的布置整齐、间距合理，为建筑提供了良好的照明效果，同时也保证了电气系统的正常运行。

四、技术资料管理

工程资料的完整性和严谨性是确保工程质量和合规性的重要保证。通过合理分类、清晰层次的总目录和卷内目录，方便了对各项文件和资料的整体管理和快速检索。施工组织设计、专项施工方案、图纸会审、工程设计变更、技术交底、隐蔽工程验收、分项工程验收记录、施工日记以及竣工图等文件齐备完整，记录了工程的各个关键节点和重要环节。

另外，所有原材料和半成品都附有产品质量证明和现场复试报告，并进行了见证取样，这充分证明了施工方对材料质量进行严格控制和检验的重视程度。记录的准确性和可信性得到了高度重视，签字、盖章手续完整，确保了数据和记录的真实性和权威性。

此外，技术资料具有较强的可追溯性，可准确追溯到操作过程和原始信息。这种严格的资料管理和高水准的质量控制体现了企业在管理实力和技术能力方面的卓越表现，为项目的顺利实施和质量保障提供了有力支持。

第五章 土木工程项目进度管理

第一节 项目进度管理的主要内容

一、土木工程项目进度管理的概念

（一）进度管理的概念

土木工程项目进度管理涉及规划、监督和控制项目在时间上的执行情况，以确保工程按时完成。它不仅关注工程项目的时间安排，也关注在特定时间内完成特定任务的能力。这个管理过程需要将项目按照时间划分成各个阶段，对每个阶段的工作进行详细规划和安排。

规划阶段：进度管理的第一步是规划。在这个阶段，确定项目的时间范围、工作流程和活动。这包括制定时间表、确定关键里程碑、分解任务、估算时间和资源需求。

监督与控制：一旦项目开始，就需要对进度进行持续的监督和控制。这包括跟踪项目进度、比较实际进度与计划进度的差异、分析延迟和提前完成的原因，并采取必要的措施来纠正偏差。

资源分配：进度管理不仅仅是时间管理，也包括对资源的管理。有效地分配和利用资源（如人力、物资、设备）是保证项目按时完成的关键。

风险管理：考虑风险因素对项目进度的影响也是进度管理的一部分。应识别潜在的风险并制定应对措施，以减少对项目进度的不利影响。

沟通与协调：进度管理需要在团队内部和利益相关者之间进行有效的沟通和协调。这有助于确保所有人都了解项目的时间表和进展，并协同努力朝着共同的目标前进。

通过这些步骤，进度管理旨在保证工程项目按时完成，最大限度地优化资源利用，减少延迟和浪费，提高工程项目的效率和成果。

（二）影响工程进度的因素

工程进度受多方面因素的影响，这些因素可能在项目周期的不同阶段产生影响。

首先，规划和设计阶段的问题可能是影响工程进度的主要因素之一。不完善或不准确的规划和设计会导致后续工作的不连贯性和延误。设计变更频繁、规划不周全或未考虑到地质、气候等因素，以及设计文件的不清晰都可能影响施工进度，需要额外的时间来调整和重新规划。

其次，资源管理和供应链问题也是常见的影响因素。延迟的原材料供应、设备问题或人力不足都可能导致工程的停滞或延期。同时，人力和技术方面的问题也可能对工程进度造成影响。技术瓶颈、人员技能不足或培训不充分都可能导致工作效率低下，延长工程周期。

再次，合同管理和沟通也是至关重要的。模糊的合同条款或沟通不畅都可能导致工程进度的混乱。合同规定的不明确或不完善可能引发争议，影响工程的正常进行。外部环境因素如天气、自然灾害或政策法规变化也会对工程进度产生重大影响。不可预见的事件可能导致工程暂停或延期，需要额外时间和资源来应对和处理。

复次，风险管理是又一个重要方面。未能充分评估和管理风险可能会导致工程进度延误。对潜在风险的忽视可能会在项目实施过程中出现问题，导致工程延期或需重新分配资源解决问题。

最后，质量问题也是一个值得关注的因素。低质量的工程可能需要额外的时间和资源来进行返工和修复，从而推迟整个项目的进度。综上所述，工程进度的延误通常是多种因素相互作用的结果，有效的风险管理、清晰的规划、资源合理配置、良好的沟通与合同管理以及对变更和质量的控制都是确保工程项目按计划进行的关键因素。

二、工程项目进度管理的内容

（一）项目进度计划的制订

工程项目进度管理的核心是项目进度计划的制订。在项目实施之前，确立一个可靠的进度计划至关重要，它是确保项目按时、按预算进行的关键。制订项目进度计划的过程一般包括以下几个主要步骤。

1. 收集信息资料

这些信息资料涵盖了项目的各个方面，包括项目的背景、实施条件、相关单位和人员的数量与技术水平，以及各阶段的定额规定等。这些信息必须真实可信，作为制订进度计划的依据。

2. 项目结构分解

这一步骤将整个项目分解为可管理的、可控制的任务和活动，以便更好地理解项目的复杂性，确定各项任务的关联性和优先级。通过项目结构分解，建立起一个清晰的项目工作结构，便于进一步地计划和监控。

3. 项目活动时间估算

在这一阶段，需要对各项任务或活动的持续时间、开始和结束时间进行评估和预测。这需要综合考虑各种因素，如资源可用性、技术要求、前置任务的完成情况等，以确保时间估算的准确性。

4.项目进度计划的编制

在这一阶段，将收集的信息、项目结构分解和活动时间估算整合到一个具体的进度计划中。这个计划通常以甘特图或网络图的形式展现，清晰地展示出项目各个阶段、任务和活动的时间安排和依赖关系。

总的来说，项目进度计划的制订是一个系统性、全面性的过程，需要充分考虑项目的各个方面，并确保信息准确可靠，以保证项目能够按时、按质、按预算顺利实施。

（二）控制项目进度计划

控制项目进度计划是确保项目按照预期进展的关键步骤。进度计划一旦获得批准，就需要向项目执行者进行明确交底，并确保他们了解自己的责任和任务。然而，在项目实施过程中，外部环境的变化可能导致实际进度与计划进度存在偏差。因此，需要对进度计划进行检查，并根据偏差的原因和解决办法进行适度的调整。这包括识别和分析导致偏差的因素，并制定相应的调整措施。一旦确定了调整方案，就需要修改原进度计划，并确保调整后的计划能够顺利实施。

在调整完成后，需要持续进行检查、分析和修正。这是一个循环过程，需要不断地对项目的实际进展进行评估，分析可能出现的偏差原因，然后根据情况进行修正和调整。这个过程将持续到项目最终完成为止。通过持续地监控和调整，及时发现问题、采取措施，确保项目能够按照计划顺利进行，最终达到预期的目标。这种循环往复的控制过程，有效地保证了项目的可控性和灵活性，以适应可能出现的各种变化和挑战。

三、项目进度计划体系的制订

项目进度计划是一个系统，由多个相互关联的进度计划组成，这些计划构成了项目进度控制的基础。它可以根据项目进度控制的不同需求和用途被划分为多个不同类型的项目进度计划系统。首先，在不同深度方面，可以包括总进度规划、项目子系统进度规划以及项目子系统中的单项工程进度计划等。其次，在不同功能方面，可以涉及控制性进度规划、指导性进度规划和实施性（操作性）进度计划。此外，还可以根据不同参与方来划分进度计划系统，例如业主方编制的整个项目实施的进度计划、设计方编制的进度计划、施工和设备安装方编制的进度计划，以及采购和供货方编制的进度计划等。最后，还可以根据不同的周期进行划分，包括中长期建设进度计划和年度、季度、月度以及更短周期的计划等。

这些不同类型的进度计划在编制和调整时都需要考虑它们之间的相互联系和协调。例如，在总进度规划和项目子系统进度规划与项目子系统中的单项工程进度计划之间需要保持联系和协调；控制性进度规划、指导性进度规划和实施性进度计划之间需要相互衔接；同时，业主方、设计方、施工和设备安装方以及采购和供货方编制的进度计划之间也需要相互沟通和协调。这种细致的联系和协调确保了各个部分的计划在整个项目实施过程中能够相互配合，以实现项目整体的顺利进行和最终的成功完成。

第二节 施工进度计划编制策略与方法

一、施工项目进度计划的编制

（一）编制依据

施工项目进度计划的编制依据涵盖了多个关键方面，首先是工期要求，即项目完成所需的时间期限。这是制订进度计划的基础，需要考虑项目的规模、复杂程度以及业主或相关方的要求。其次是技术经济条件，这包括工程所涉及的技术性要求和可行性，以及完成工程所需的经济条件和资源。设计图纸、文件以及工程合同也是进度计划编制的重要依据，这些文件提供了工程的具体要求和范围，其中可能包括工程阶段、质量标准、交付日期等重要信息。资源供应状况也是考虑因素之一，包括人力、材料和设备等资源的可用性和供给情况。外部条件则指诸如气候、环境、政策法规等外部因素，这些因素可能对施工进度产生影响。最后，对项目各项工作的时间估计也是编制进度计划的重要依据，需要对每个工作阶段所需的时间进行合理估算，考虑到各种可能的延误因素以及工作的逻辑顺序，以确保计划的合理性和可执行性。所有这些依据共同构成了一个全面而可靠的基础，为制订和执行项目进度计划提供了关键信息和方向。

（二）编制的内容

施工项目进度计划的编制内容包含多个关键要素。首先是材料和设备供应计划，这涉及所需材料和设备的采购和交付安排，确保它们在需要的时间和地点到位。其次是劳动力供应计划，即安排和管理所需的人力资源，包括施工人员、工程师等的到岗时间和工作任务分配。施工设备供应计划是又一个关键部分，它涵盖了施工所需各种机械设备的调度和使用安排。另外，运输通道规划是必要的，要确保材料和设备顺利运输到施工现场，这需要考虑道路状况、交通限制等因素。工作空间分析是为了合理规划施工场地和工作区域，确保各项工作的顺利展开。分包工程计划则是针对可能分包的工程项目进行的具体计划安排。临时工程计划是关于施工中需要临时设置的工程项目的安排，例如施工临时设施、临时用电等。竣工和验收计划是确保工程按时完工并通过验收的计划安排，最终确定工程项目的结束阶段。最后，考虑可能影响进度的施工环境和技术问题也是编制进度计划时需要重点关注的内容，以便及时调整计划，应对潜在的风险和挑战。对以上各项内容的全面考虑和规划，有助于建立一份全面而可行的施工项目进度计划。

（三）编制的策略

编制施工项目进度计划的策略包括多个重要步骤。首先，要明确项目的目的、需求和范围，明确阐述项目期望的成品时间、成本和质量目标等。其次，需要将项目的工作活动和任务进行细致分解、定义和列出清单，以确保所有工作都被明确记录。随后，创建项目组织，明确指定各部门、分包商和项目经理对工作活动的责任和执行。制订进度计划是关键步骤，需要详细说明工作活动的时间安排、截止日期和关键节点，即里程碑事件。同时，准备预算和资源计划，确定资源的消耗量、使用时间，以及相关的费用支出和资源配置计划。针对项目完成情况，需要预测工期、成本和质量等各项指标。编制进度表和进度说明是为了清晰展示计划的执行情况和细节，对进度进行详细描述。同时，编制资源需求量和供应平衡表，确保项目所需资源的充分供应和合理平衡。最后，向相关部门提交计划，获取相关部门批准，确保进度计划的合法性和可行性。这些策略和步骤有助于建立一份全面且可行的施工项目进度计划。

二、项目的进度控制

实施项目进度计划的核心是对项目进度计划的动态控制。

（一）进度控制的目标

项目进度控制的核心目标是确保项目能够按计划在规定工期内顺利完成。为了达成这一目标，需要对项目进度计划进行有效的控制和管理，及早分析和评估影响进度的各类风险因素，提出相应的对策和措施，实现对项目进度的主动控制。为使目标具体有效，需要将项目总工期目标细化、分级、分解到各专业工作和界面，确定相应的分部分项进度控制目标。同时，制定考核检查措施，例如每日或每周的工作进度、资源使用情况（人员、材料、机械）的检查计划。在实施过程中，要根据实际情况对照各项目标进行检查和落实，一旦发现偏差，及时调整计划并采取纠正措施，确保项目进度保持在合理范围内。

（二）项目进度控制的程序

在项目进度控制的程序中，一旦工程进度出现偏差，需要有一系列的步骤来应对。

首先，针对进度出现的偏差，必须深入分析造成这一偏差的根本原因。这可能涉及多个方面，例如人力资源问题、材料供应延误、技术问题或天气等因素。在分析原因的同时，必须评估这一进度偏差对后续工作的影响，明确了解延误对整个项目进度和其他相关工作的潜在影响。

其次，在确定了偏差可能造成的影响后，就需要明确限制条件，也就是对后续工作产生的具体影响设定一定的限制，以便更好地进行进度调整。这可以包括资源重新分配、时间安排上的调整或者任务优先级的重新排序等。

再次，根据前面的分析结果和对影响的评估，制定并采取进度调整措施。这些措施可能涉及重新安排工作时间表、加强沟通协调以缓解资源瓶颈、调整任务分配、增加人力或物资投入等。

复次，在采取了调整措施后，必须形成调整后的进度计划。这个新的计划需要充分考虑之前分析出的原因和影响，以及制定的调整措施。调整后的进度计划应该更为合理、可行，并且有助于解决当前的进度偏差问题。

最后，实施调整后的进度计划，这需要全面考虑技术、经济和组织方面的措施。实施过程中需要严格遵循新的进度安排，确保所有相关团队明确新的时间表和任务分配，以便在整个项目进度中更好地把握进度，最终保证项目顺利实施并完成。

（三）进度控制的方法

进度控制的方法可以分为以下几个方面：

首先，按照施工阶段进行分解，并突出控制节点。这意味着以关键线路为主要线索，在项目进度计划中确定关键的控制点或里程碑。在不同的施工阶段，明确重点控制对象，并制定详细的细则，以保证控制节点按照计划顺利完成。

其次，按照不同的施工单位进行分解，明确分部工程的目标。基于整体的进度计划，清晰地定义各个施工单位的分部工程目标。这需要通过合同和责任书的形式确保相关责任的落实，以确保各自的分部工程目标的实现，从而促进整体目标的达成。

再次，根据专业工种进行分解，明确交接时间。在不同专业或工种的任务之间，需要进行综合平衡和协调，确定彼此交接的日期，并强调各工序之间的衔接配合。这有助于加强对工期的严格管理，避免一个环节的延误导致整体项目工期的延误。同时，也通过对各工序完成质量和时间的控制，确保各分部工程进度的顺利实现。

最后，根据总进度计划的要求，将进度计划分解为不同时间段的目标，并进行落实。将总进度计划进一步细化为年度、季度、月度甚至旬（周）的目标，采取定期或不定期的方式进行检查和评估，以确保工期目标的实现，并及时调整和纠正计划中的不足之处。

（四）施工进度计划的实施策略

工程项目的建设因具备庞大、复杂、周期长等特点，在实际推进过程中常受到多种因素的制约，使得施工进度无法完全按照计划进行。这造成实际进度与计划进度之间存在偏差甚至相当程度的滞后。为加强项目进度控制，需采取一系列策略。

1. 合同措施

合同在施工项目中起着重要作用，其措施对于项目进度控制具有关键性影响。

（1）合同工期的控制：工程项目的合同工期受多方因素影响，如建设单位的要求、定额工期、投标价格等。施工单位在为争取中标而低价投标的情况下，可能忽视工程成本与工期之间的平衡关系。因此，建设单位的工期要求和投标工期应合理，有助于减少进度控制中的风险。

（2）工程款支付的控制：工程款支付方式与进度控制紧密相关，是对施工单位履约程度的评估。支付方式的准确性和明确性对于提高施工单位的积极性至关重要，有助于激励其优化施工组织和进度计划，确保进度目标的实现。

（3）合同工期延期的控制：合同工期延期可能由建设单位、工程变更、不可抗力等因素造成。然而，工期延误通常是由施工单位自身组织或管理不善所致，与其他原因不同。合同中应明确工期顺延的申报和许可条件，例如施工单位无法控制的工地条件变更、合同文件缺陷、不可抗力等原因造成的工期拖延是申请合同工期延期的主要条件。延期事件必须关系到施工进度计划的关键节点，才能得到批准。同时，合同工期延期的批准必须符合实际情况，并具有时效性。

2.经济措施

经济措施包括对资金需求计划、资金供应条件以及激励措施的管理和监督。

（1）工期违约责任强调

建设单位必须着重突出施工单位的工期违约责任，并确立具体措施来对施工单位起到约束和震慑作用。如果施工单位未按计划时间完成阶段性工程，应按合同约定向建设单位支付工期违约金，而这一约定应在工程进度款支付中有所体现。然而，若施工单位在接下来的阶段内赶上进度计划，则可退还违约金，这种方式能激发施工单位的积极性，使其有动力遵守进度计划。

（2）奖罚结合的激励机制

传统上，对施工单位的工期控制常采用罚款的方式，但这并未达到预期效果。为鼓励积极主动的表现，建设单位可采用奖罚结合的机制，约定提前完成工程的奖励。奖励可以是一个具体数值或者与违约金相对应的比例，这种奖励机制激励性更强，有利于推动施工单位积极配合进度控制要求。这样的措施有助于建立良好的合作关系，使双方形成诚信互惠的合作模式，进而促进项目进度的顺利实现。

3.组织措施

组织措施对于项目进度的控制至关重要，需要有效协调参与方之间的工作关系，确保各方的积极性和潜力充分发挥。

健全项目管理组织体系至关重要。组织结构中应设有专门的工作部门，由专人负责进度控制，确保相关任务得到落实。主要工作环节包括进度目标分析、进度计划编制、定期跟踪执行情况、纠偏措施和计划调整等，这些任务应在任务分工表中清晰标明。定义项目进度控制的工作流程，明确进度计划系统的组成和编制程序也非常关键。会议是重要的组织和协调手段，因此需要设计并明确进度控制会议的相关内容，包括会议类型、参与单位及人员、召开时间、会议文件的处理等。强调责任与工作重心的突出是保证进度控制有效的关键。各参建单位对于项目的三大控制目标需要强调不同的职责，如施工单位以进度控制为重点，监理单位则负责监督工程质量，而建设单位则需对工期延误负责，要求施工单位必须依合同工期执行项目进度计划。这样明确分工和合作有助于优化工作分工，确保三方责任的充分落实。

4.管理措施

管理措施包括管理思想方法和手段、承发包模式、合同管理和风险管理。在组织机构清晰的前提下，科学和严谨的管理至关重要。采用网络计划编制进度计划有助于实现进度控制的科学化，因为它提供了全面的时间线索和资源分配视角。选择合适的承发包模式直接影响项目的组织和协调。此外，工程物资采购模式也直接影响进度控制。风险分析在项目进度中也至关重要，特别应对可能影响进度的风险情况进行充分评估。信息技术的应用在进度控制中也具有重要意义。最后，进度控制需要建立起进度计划系统的观念,而非单独制订互不相关的计划,只有这样才能形成有利于项目进度控制的计划系统。

5. 技术措施

不同的设计理念、技术路径和方案对工程进度有着各自不同的影响。面对工程进度遭遇阻碍的情况,需要对设计技术潜在的影响因素进行深入分析,评估是否需要设计变更或调整以缩短工程进度。除了评估施工技术的先进性和经济合理性外,还需考虑其对进度目标的实际影响。当工程进度受到影响时,必须审视施工技术方面的因素,判断是否有必要修改施工技术、方法或机械设备,以更好地达到进度目标。这种周详分析有助于在必要时做出调整,确保工程进度能够顺利推进。

第三节 进度管理的检查与调整

一、土木工程项目进度监控

土木工程项目进度监控过程涉及多个方面,需要连续地监测和调整以保持项目在预定时间内顺利完成。

(一)建立一个清晰的时间表

这个时间表不是简单的开始和结束日期,而是一个详细的规划,涵盖了项目的各个阶段、重要里程碑和工作任务安排。

1. 项目阶段的开始和结束时间

确定项目的各个主要阶段,例如规划、设计、采购、施工、测试、交付等。

为每个阶段明确确定开始和结束的时间范围,基于先前的经验和工作量进行估算。

2. 关键里程碑的设定

项目中的关键里程碑,是项目发展的重要节点,标志着特定阶段的完成或重要进展。

里程碑应该是具体、可衡量且易于识别的,如完成设计草图、开始施工、完成采购、系统测试通过等。

3. 工作任务的安排

对每个阶段和里程碑下的具体任务进行详细规划。这包括具体的工作内容、所需资源、负责人和任务的持续时间。

利用项目管理工具,如甘特图或项目进度软件,将任务安排在时间轴上,明确任务的开始和结束时间,并将其与里程碑和阶段对应起来。

4. 资源分配和依赖关系

确定每个任务所需的资源,包括人力、物资、设备等,并在时间表中指定它们的使用时间和数量。

识别任务之间的依赖关系,即哪些任务需要在其他任务完成后才能开始,以确保任务按计划顺序进行。

时间表是动态的，需要根据实际执行情况进行监控和更新。定期检查进度，与实际进展对比，及时调整时间表以应对延误或提前完成的情况。确保与团队成员和利益相关者保持沟通，让他们了解时间表的变化，以确保所有人都对项目的进度有清晰的认识。建立一个清晰的时间表需要耗费一定的时间和精力，但它对于项目的顺利进行至关重要。它为团队提供了共同的指导方针，并帮助管理团队和利益相关者了解项目的整体框架和工作分配情况。

（二）持续的跟踪和记录

通过实时数据收集和进度报告，项目团队能够持续监测项目的状态，并及时做出反应。使用项目管理软件或工具可以更轻松地收集和管理项目数据。这些工具能够记录实际完成的工作量、与预期时间线的偏差以及潜在的延迟或提前完成情况。这些数据为项目团队提供了全面的了解，帮助他们了解项目的当前状态并基于事实进行决策。此外，这些数据也有助于识别潜在的风险和问题，使团队能够及时采取措施来避免或解决可能影响项目进度的挑战。

（三）与团队成员和利益相关者之间沟通

定期的会议和进度更新可以确保每个人都了解项目的最新情况。这种沟通平台提供了一个交流的机会，让团队成员分享他们的进展和遇到的问题。这种及时沟通有助于识别潜在的风险因素，并能够迅速采取必要的措施来避免可能导致延误或其他不利影响的情况发生。此外，这种沟通也鼓励团队成员之间的合作和协作，有助于解决问题并调整计划以确保项目的顺利进行。通过与利益相关者保持密切联系，团队还能够更好地理解他们的期望和需求，并及时做出调整以满足这些需求，从而增强项目的成功机会。

（四）对实际进度与原始计划之间的比较分析

对实际进度与原始计划进行比较分析是项目管理中的关键环节，它有助于发现潜在的偏差或延迟，从而采取纠正措施以确保项目按预期完成。

1. 收集实际数据

收集实际完成的工作量、时间线上的偏差以及任何延迟或提前完成情况的数据。这些信息可以从项目管理软件、团队报告、会议记录以及实地考察中获取。

2. 比较实际进度与原计划

将收集到的实际数据与原始计划进行对比。这可能涉及比较已完成工作的量化指标、阶段性进度、关键里程碑等。

分析比较结果，识别实际进度与原计划之间的差异。关注哪些任务或阶段未按计划进行、哪些任务提前完成或出现延迟。

3. 确定偏差的原因

探究造成偏差的原因，这可能包括资源不足、技术难题、外部环境变化、沟通问题或变更请求等。

对影响进度的各种因素进行分析,并评估它们对项目进度的影响程度。

4.制定纠正措施

基于分析结果,制定纠正措施。这可能涉及重新安排资源、重新分配任务、调整时间表或重新优化工作流程。

确定优先级,针对影响最大的问题或风险制订应对计划。

5.执行调整后的计划

将制定的纠正措施整合到更新的项目进度计划中,并及时向团队和利益相关者沟通。

监控和跟踪执行调整后的计划,确保新计划的实施情况,并根据需要进行进一步的调整。

通过这样的比较分析,项目团队可以全面了解项目实际进展与原始计划的差异,并及时采取必要的措施以调整项目进度,确保项目能够在预定时间内按照高质量完成。

二、项目进度计划的检查与调整

项目进度计划的检查与调整是确保项目建设按计划进行的关键环节。它涉及审核和执行施工进度计划,定期利用各种手段对实际进度进行检查,并在必要时进行调整。这个过程能够确保工程项目在预期时间内按照既定计划顺利完成。

(一)项目进度计划检查内容

项目进度计划的检查内容包括多个关键方面,它们对于确保项目按计划进行至关重要。这些内容不仅独立成章编制进度报告,也可以与其他方面(如质量、安全、成本)合并编制项目综合进展报告(表5-1)。

表5-1 项目进度计划的检查内容

实物工程量完成情况	记录和比较实际完成的工作量与计划工作量 对已完成工作的质量进行评估,确保符合预期标准 考虑可能的变更、延误或其他影响因素对工程量的影响
工期进展情况	比较实际进度与计划进度,发现超前或延误情况 关注项目的关键节点或里程碑,确保它们按时完成 分析导致任何偏差的原因,并制订应对措施以及风险管理计划
资源供应、使用与进度匹配情况	检查项目所需资源的供应情况,包括人力、物资和设备 对实际资源使用情况与计划进行对比,确保供应与需求之间的匹配 预测未来资源需求,确保避免因资源短缺而引起的延误
项目进度计划措施落实情况和上次整改落实情况	评估已采取的措施对项目进度的影响 检查之前发现的问题是否得到合适的解决和整改 确保先前的问题得到根本性解决,避免对项目进展造成再次影响

以上内容可以独立成章编制进度报告,也可以与质量、安全、成本等合并编制项目综合进展报告。

(二)项目进度计划检查方法

项目进度计划的检查方法涵盖了定期和不定期两种方式,以确保对项目进度的全面监控和管理。

定期检查包括年度、季度、旬度、周度和日度的规定检查频率。年度检查通常涉及对整体项目规划和长期目标的评估，季度检查则更关注项目阶段性进展和目标达成情况，而周和日检查则更着重于具体任务和短期计划的执行情况。这种定期检查的方式有助于对项目进度进行持续监控，及时发现问题并采取措施加以解决，确保项目整体按时推进。

不定期检查是根据需要进行的额外检查。这类检查通常由上级管理部门和项目经理部组织，根据项目特定情况和可能出现的风险进行安排。这种检查可能突发性地发生，用于对特定问题、重要阶段或可能的风险进行深入审查。不定期检查能够补充定期检查的不足，特别是在面临复杂情况或需要重点关注某些方面时，提供更深入的监督和支持。

综合考虑定期和不定期检查的方法，可以确保对项目进度的全面管理。定期检查保证了持续的监控和执行任务的规律性，而不定期检查则能够在需要时灵活调整并加强监督，以确保项目在面临挑战时能够及时做出应对措施，保持在正确的轨道上推进。这种双重检查机制有助于提高项目管理的灵活性和应变能力，确保项目按预期进行并最终成功完成。

（三）项目进度计划的调整

项目进度计划的调整是确保项目能够按时完成的重要步骤，它需要根据实际执行情况与原始计划进行比较，发现并解决任何进度偏差。这个过程不断地循环执行，以确保项目最终达到预期工期目标。

首先，在发现进度偏差后，项目团队需要对其产生的原因进行详细分析。这包括考虑可能的内部和外部因素，如人力资源不足、天气影响、供应链问题等。对偏差产生的影响程度进行评估，以确定需要进行调整的范围和紧急程度。

其次，针对发现的进度偏差，可能需要调整多个方面：

1. 根据偏差情况，可能需要重新评估和制定工期目标，调整整体项目完成时间。
2. 根据实际完成情况和目标要求，调整工程量完成的数量或内容。
3. 重新评估工序之间的依赖关系，重新安排工作流程或顺序以加快进度。
4. 根据资源供应和工作关系的变化，调整项目阶段或特定任务的开始时间。
5. 根据实际需求重新规划和调整资源的供应和分配情况，确保资源与进度相匹配。

这些调整需要结合项目管理团队的专业知识和经验，并在与利益相关者充分沟通后进行。调整后的进度计划需要明确被记录和沟通给团队成员，以确保所有人了解并按照新计划执行工作。此外，调整后的计划需要持续监测和评估，以便在执行中进行必要的调整和优化，保证项目顺利推进。这种不断调整和优化的过程是确保项目最终达到工期目标的关键步骤。

第四节　进度控制案例分析

一、工程概况

浙江音乐学院项目是建设一个规模宏大的音乐校园工程，总占地面积为401333平方米，总建筑面积为352541平方米。这个项目旨在为5000名全日制学生提供一个学习的校园环境。

这个项目分为两期实施：第一期是学生公寓，于2012年12月26日开始建设，占地面积为54518平方米，工程造价约为30亿元。第二期包括大剧院、音乐厅、艺术综合楼、音乐院、舞蹈院、戏剧院、继续教育院（国际教育中心）、图书馆、行政楼、艺术工程院、文化管理院、人文院、教师流转房、陶艺中心、食堂、体育馆、医务所、地下车库、运动广场及看台、钟楼、道路、景观及绿化等，总建筑面积为298023平方米，工程造价约为170亿元，计划于2015年7月20日竣工。

这个项目采用总承包管理模式，由浙江省建工集团负责总承包管理，而机电安装工程专业承包由浙江省工业设备安装集团负责，桩基工程专业承包由浙江省大成建设集团负责，统一管理由浙江省建设投资集团总承包事业部实施。工程管理目标明确，旨在确保建成浙江省"钱江杯"优质工程，并争创国家级优质工程。同时，也致力于确保建设成浙江省的安全、文明标准化工地，并力争创造成杭州市的"绿色工地"。

二、项目进度目标

浙江音乐学院工程是浙江省委、省政府1号重点工程，拥有着极高的社会关注度。项目经理部在此背景下制订了总进度计划和阶段性进度计划，着重强调了施工的关键节点，以确保阶段性目标的实现，从而保障总体进度的达成。根据整体规划，工程在2014年4月30日前顺利完成了所有单体地下结构的施工，并在2014年10月30日前完成了所有单体的主体结构施工。

在项目进度目标和总承包施工合同的指引下，项目经理部严格遵循总进度表中的节点来管理整体工期，并制订了分步、分阶段的节点进度计划。在保持有序计划的基础上，项目团队严格执行进度计划，并在建设和监理单位的同意下，根据实际施工进度和工程需求，进行必要的调整。这种有计划的调整能够更好地适应工程实际情况，确保施工进度始终处于合理和可控的状态。

值得一提的是，项目作为浙江省的重点工程，其施工进度和质量对于社会具有重要意义。因此，项目管理部门的严谨计划和及时调整能够确保工程按时交付，同时保证了其质量和安全标准得到充分的保障。

三、项目进度控制计划

该项目的进度控制计划分为三个级别，以便于不同层次的管理人员进行进度目标的控制和监督。

（一）总体控制计划

这是项目的最高级别计划，明确了各专业工程的阶段目标。它利用 PROJECT 项目管理软件绘制项目进度计划，对各专业工程的计划进行实时监控和动态关联。这个计划表明了整体项目的进度目标，使建设单位、监理单位和总包项目部管理人员能够掌握项目整体进度情况，并进行总体进度目标的控制。

（二）二级进度控制计划

基于总体控制计划的二级分解，将基础工程、地下室结构、主体结构、安装和装饰等专业工程的阶段性进度目标作为控制点。它将这些专业工程进一步分解成具体的实施步骤，以满足一级进度控制计划的要求。这有助于建设单位、监理单位和总包项目部管理人员更具体地掌握各专业工程的进度情况，并进行相应的控制。

（三）三级进度控制计划

在二级进度控制计划的基础上，针对分项工程的进度目标进行分解。它将分项工程进一步细化成具体的实施步骤，以满足二级进度控制计划的要求。这使得管理人员可以更加细致地掌握分项工程的进度情况，让建设单位、监理单位和总包项目部能够更精准地控制项目的各项工程进度。

这种层级式的进度控制计划让管理团队可以从整体到具体地了解项目进度，并通过逐级分解的方式对项目的各个层面进行有效的控制和监督，确保项目按时完成。

四、项目进度保障措施

（一）技术工艺保障

编制了有针对性的施工组织设计和施工方案，着重于详细和可操作性，以确保施工工艺和质量标准的熟悉和掌握。采用了流水施工方式，压缩了各施工工序的持续时间，实现了均衡流水。同时，广泛采用新技术、新工艺、新材料和新设备，以提高施工速度，保证各阶段工期目标的实现。

（二）资金保障

严格遵守合同条款的要求，按时完成工程进度报表，确保工程款的专款专用。财务预算部门根据工程进度款到位情况编制详细的资金使用计划，保证工程的正常开支，并确保不拖欠民工工资。

（三）劳动力保障

采用管理层和作业层分开的两级管理模式，并选择与企业长期合作、熟悉企业管理模式的劳务分包队伍。在劳务分包合同中，明确了双方的权利与责任，并要求根据总体进度计划编制各工种劳动力平衡计划。同时，提前计划安排了季节性的民工流动。

（四）机械保障

通过制订详细的机械使用计划、明确机械设备的型号和进场时间等举措，最大限度地提高了机械化施工水平。配备了足够的机械设备和备用设备，确保设备性能和工作的稳定性。

（五）总包管理保障

发挥了总承包商综合协调管理的作用，以合约和总控计划为依据，调动各分包商的积极性，并建立了例会制度和加强与社会各界、建设、设计和监理方的协调联系，确保施工各方信息交流畅通，以便及时解决问题和保证工程正常进行。

这些保障措施使得项目管理形成了层次分明、贯彻始终的特色，有效确保了工程按期、保质完成。

五、项目进度控制

项目经理部在工程进行中依据合同规定、施工图纸、施工组织设计以及相应技术规范，对各个阶段的工程进行了详尽的进度控制规划，并严格遵循执行。

（一）土方工程阶段

为了保证施工进度，配备两套班子同时进行挖掘工作，并为每套班子配置了挖土机和支护施工队伍，同时展开四个边坡的工作，并额外配置一台挖土机专门用于土方的运输。考虑到场地条件的限制，无法形成环形通道，因此成立了现场调度组，配备通信设备，以便及时调度挖运和堆放间的流量，以提升施工进度。

（二）基础地下室阶段

地下室单层面积较大、基坑深度较深以及独立基础较多等，这些因素都给材料和机械的安排调度带来了一定的不便，也增加了工期控制的难度。首先，项目团队按照区块划分配备施工队伍，以开展流水式施工。这种方式允许并行的独立施工工作面，并有利于分区作业，充分利用现有资源和人力，以加快工程进度。其次，合理配置大型机械设备如塔吊，致力于提高机械化施工水平。这一举措有助于优化工作效率，提高施工速度，减少人力成本，并确保工作顺利进行。最后，投入足够的周转材料和机具，并配备充足的模板和支撑系统。这一步骤保证了所需资源的充分供应，有助于避免因材料和机械不足而导致的工期延误，同时也有利于施工质量的保障和提升。

（三）主体阶段

首先，项目团队充分配备了所需的人员和机具，以满足施工的各项需求。这种充足的资源配置确保了施工过程中的人力和机械设备充分可用，有助于保持工程进度的顺利推进。其次，团队着重进行了模板工程的设计工作，采用了木胶合板作为模板，支撑系统则采用了扣件式钢管脚手架。这种设计不仅提高了工人的作业效率，还为施工提供了可靠的基础设施，有助于工程质量的提升。另外，项目团队也配备了足够数量的塔吊等大型机械设备，并确保其良好运转。这些设备的充足配备以及正常运行，对于工程的机械化施工水平提升至关重要，有助于提高效率和保障工程的顺利进行。最后，合理的施工流水段划分以及流水施工的组织安排也是主体阶段工期控制的关键。这种划分能够有效提高施工效率，使得工程能够按照计划有序进行。

（四）装饰阶段工期控制

团队早期确定了装饰施工队伍，并落实了作业班组。通过与建设、设计、监理方的协商沟通，及时确定了装饰施工方案以及装饰材料的生产厂家和供货商。这种提前的准备工作为装饰阶段的顺利展开奠定了坚实基础。考虑到工程中存在大量单体工程且多为大开间、大跨度建筑，项目经理部在分区（分单体）结顶后立即组织中间结构验收，确保验收合格后即刻投入内部抹灰施工。这样的流程优化为提前进行装饰施工创造了有利条件，有助于整体工程进度的加速推进。在主体工程结顶后，项目经理部迅速展开屋顶钢架、外墙幕墙龙骨以及外墙外保温施工工作，创造了多工种交叉作业的工作面。这种交叉作业的实施有效加快了工程进度，有利于室内外装饰工程的紧密协调和高效展开。

（五）专业工程工期控制

团队通过优化安装等专业工程施工方案，确保各工序之间的顺利衔接，同时由总包单位为各专业分包单位预留出相应的工作面，从而保证各专业分包工程与土建工程同步进行。团队制订了各专业分包单位的进度计划，并根据项目总进度计划进行相应调整。每周定期召开工程例会，着重协调计划进度，及时解决各类矛盾与问题，确保各专业工程之间的协调配合。建立完善的质量保证体系和安全生产保证体系，定期进行检查，及时发现问题并进行纠正，以避免出现返工、返修、窝工等现象，并防止伤亡事故的发生。最后，项目团队加强了对分包工程材料和设备的计划管理，以确保供应及时，减少浪费，避免因此引发的工期延误。

这些措施有效确保了各阶段工程的顺利进行，尤其在结构复杂且工期紧张的情况下，项目经理部的协调与管理为项目的全面完工打下了坚实基础。

六、项目进度纠偏措施

根据现场实际施工进度与项目总进度计划存在延迟的情况，项目经理部采取了一系列纠偏措施。

首先，项目团队着重强化了施工进度计划的管理。他们为每个单体指定了施工进度负责人，并合理分配施工任务，制订了季进度计划、月进度计划和周进度计划，以细化每日的计划工作量，专人负责实施计划并每周进行计划与实际值的比较。在出现工期延误时，团队及时分析原因并采取纠偏措施。同时，重新调整了工作流程，以加速结构施工进度为前提，提前准备装饰作业队伍，并增加施工作业人员，确保在保障质量和安全的前提下加快施工进度。

其次，项目团队加强了合同管理，要求劳务队伍和材料供应商严格按计划工期完成阶段性任务，并制定了考核制度和奖罚办法。每周对进度进行考核，对合格的实行奖励，对延误的实施处罚。针对可能导致项目总工期延误的主要因素，加大资源投入，并重新编制了单体工程进度计划，合理安排加班以确保节点进度目标的实现。

另外，项目团队定期组织管理人员和班组负责人的研讨会，以讨论图纸、相关规范和图集，以便提前了解设计意图，从而避免不必要的返工。同时，他们协调了与建设、设计、监理等方面的关系，及时提出和解决图纸不明确或有疑义的问题，以确保不影响现场施工进度。

项目经理部每月按时提交资金计划，以确保建设单位和企业总部有足够的时间准备资金，从而保证项目经理部能够及时组织现场施工所需的材料和设备，避免因资金原因导致工期延误。

这些措施的实施，全面解决了现场实际施工进度延迟的问题，保证工程顺利进行，最终达到了预期的工期目标。

第六章 土木工程项目成本控制与财务管理

第一节 成本估算和预算编制

一、土木工程项目成本控制的依据

土木工程项目成本控制的依据主要基于以下几个方面。

（一）项目预算

项目预算是成本控制的主要依据之一。它是在项目启动阶段根据成本估算和项目要求制定的指导性文档，规定了预期的支出范围。预算是衡量实际支出是否符合预期的重要标准。

（二）成本估算

在项目计划阶段，进行对各项成本的估算。这些估算可以是基于历史数据、类似项目的经验、专业知识和市场调研等方式得出的。这些估算为制定预算提供了依据，并在项目执行过程中用作参考，评估实际支出的合理性。

（三）成本控制计划

这是制定在项目启动阶段的文件，其中详细说明了成本控制的策略、程序和方法。成本控制计划包括变更管理、费用核准流程、预算调整机制等，为实际项目执行提供了指导。

（四）项目阶段性成本目标

土木工程项目通常分为不同的阶段，每个阶段都有相应的目标和预期成本。这些阶段性成本目标作为监控成本的依据，帮助评估项目的进展并及时调整。

（五）实际成本数据

项目执行过程中收集的实际成本数据是成本控制的关键依据。这些数据包括实际支出、资源利用情况、材料成本、劳动力费用等，通过与预算进行对比，可以及时发现偏差并采取必要的措施。

（六）质量和时间要求

成本控制也受到项目质量和时间要求的影响。如果要求提高质量或加快工程进度，可能需要相应增加成本。因此，这些要求也是成本控制的依据之一。

有效的土木工程项目成本控制依赖于对这些依据的理解和有效利用,通过不断监控、评估和调整,确保项目在可接受的预算范围内按时高质量完成。

二、成本估算方法

(一)确定估算所需的数据和信息来源

确定成本估算所需的数据和信息来源是成本估算过程中的重要一步。这些数据和信息来源包括但不限于以下几个方面。

1. 项目文件和规划

项目文件和规划提供了项目的基本信息、范围和技术要求。设计文档包含初步设计、图纸和技术说明,有助于理解工程的技术细节。工程量清单则列出了所需的材料、工程量和劳动力等具体项目要求的清单。

2. 历史数据和类似项目经验

通过过往项目的成本记录和行业标准,能够提供类似工程项目的成本范围和实际支出情况。

3. 专家意见和咨询

与领域专家、工程师或其他相关人员讨论,获取专业意见和建议。借助咨询公司或专业服务机构提供的行业报告和分析,获取市场趋势和成本变化方面的信息。

4. 市场调研和供应商报价

了解材料、设备和劳务的市场价格和供求关系。向潜在的供应商和承包商询价,获取实际的成本估算数据。

5. 成本估算工具

利用专业的成本估算软件进行数据分析和模拟,以生成较为准确的成本估算。利用建模和仿真工具对不同方案进行模拟分析,评估成本影响。

6. 政策法规和环境要求

了解项目所在地区的法规和政策,这些法规可能会影响工程建设的成本,例如环保要求、建筑标准等。

综合利用这些数据和信息来源,结合项目的具体要求和特点,可以更准确地进行成本估算。在估算过程中,对数据的可靠性和准确性进行验证和审查是非常重要的,以确保最终的成本估算结果可靠且符合实际情况。

(二)不同的成本估算技术

成本估算是项目管理中重要的环节,不同的项目和阶段需要采用不同的成本估算技术。以下是一些常用的成本估算技术。

1. 比价估算

参数估算法和模糊比较法是比价估算中常用的方法,它们基于历史数据或类似项目的指标进行成本估算,适用于土木工程等各种项目类型。

（1）参数估算法

这种方法利用历史数据中的单位工程量价格（如每平方米建筑面积的成本）来估算新项目的成本。例如，如果在过去的类似项目中，建造一平方米的办公楼平均成本是5000元，现在要建造一个相似规模的新办公楼，可以根据这个历史数据估算新项目的成本。这种方法要求历史数据具有代表性和可靠性，并且类似项目的特征相对一致。

（2）模糊比较法

模糊比较法则是通过将类似项目的成本进行比较，得出新项目的估算成本。它可以基于多个案例进行估算，帮助确定成本的范围。例如，考虑建造一座桥梁，过去建造类似跨度和材料的桥梁成本在800万至1200万元。这个范围提供了一个模糊但相对合理的成本估算，因为不同项目会因具体要求和地点等因素而有所不同。

这些方法都有助于初步确定项目成本范围，但需要注意的是，精确性取决于历史数据的可靠性、类似项目的相似性以及其他可能影响成本的特殊因素。因此，在进行这类估算时，需要谨慎对待数据的选择和应用，结合其他方法和专业判断以提高估算的准确性。

2. 参数估算

工程量清单估算和单位工程量估算是在土木工程项目中常用的方法，两者都依赖于工程量清单和单位价格来进行成本估算。

（1）工程量清单估算

这种方法依赖于项目的详细工程量清单，清单中列出了需要的材料、工程量和劳动力等具体项目要求的清单。然后，根据每个清单项目的数量与相应的单位价格进行计算，以得出整体的成本估算。例如，在建造一个新学校的项目中，工程量清单中包括了需要的水泥、砖瓦、钢筋等具体材料和数量，根据这些数据和相应的材料单价计算出总成本。

（2）单位工程量估算

这种方法则是利用单位工程量的成本数据，例如每平方米建筑面积或每米管道长度的成本，乘以项目实际需要的工程量来进行估算。以建筑面积为例，如果在过去类似的建筑项目中，平均每平方米建筑面积的成本是2000元人民币，而现在要建造一个1000平方米的建筑，则可以通过单位面积成本乘以实际建筑面积来估算成本。

这两种方法都需要有准确的工程量清单以及相应的单位价格数据。在进行估算时，数据的准确性和详细性至关重要。例如，工程量清单必须详细列出所有所需材料和工程量，并且单位价格应该反映当前市场价格或过往项目的实际成本。

3. 德尔菲法

德尔菲法是一种通过专家意见收集和达成共识的方法，适用于估算项目成本等领域。该方法通过一系列循环调查，使专家在匿名的情况下提供意见和建议，最终得到一个共识的成本估算结果。具体步骤如下：

（1）明确需要估算的项目成本，并确定参与德尔菲法的专家组成员，这些专家通常是在相关领域有经验和知识的人员。

（2）在第一轮德尔菲调查中，专家个别提供对项目成本的估算意见。这些意见可以包括数字范围或具体数值。调查结果被收集并统计。

（3）将第一轮调查结果反馈给所有专家，但保持专家的匿名性。专家在了解其他人意见的基础上，可以修改他们的估算或者给出更加具体的意见。

（4）这个过程可能需要多轮调查，每一轮专家对于成本估算提供意见，并根据前一轮调查结果进行调整，直到专家们的意见趋于一致。

（5）最终的目标是使专家们在经过多轮调查后达成共识，得出一个一致的成本估算结果。

举例来说，假设针对一个大型基建项目的成本估算，使用德尔菲法。在第一轮调查中，专家A估算成本为1000万元，专家B估算成本为800万元，而专家C估算成本为1200万元。这些数据会被汇总后，反馈给专家们，让他们重新评估。第二轮调查中，可能专家们的估算值会更加接近，比如A调整为950万元，B调整为850万元，C调整为1050万元。这个过程会持续多轮，直到专家们的估算值趋于一致，达成共识的成本估算结果。

4. 成本估算软件

成本估算软件是计算机辅助的工具，能够根据输入的参数、数据和项目要求，进行数据分析和计算，提供更加精确和快速的成本估算。这些软件通常整合了各种成本估算方法和工程计算公式，能够帮助项目管理人员更有效地进行成本估算和预算规划。

5. 三点估算法

三点估算法，也称为PERT，是一种用于项目管理中的成本估算和时间估算的方法。它基于乐观、悲观和最可能（或称为模型值）的估算，通过这些值的加权平均来计算最终的成本估算。

这种方法通常用于具有不确定性和风险的项目，它将不同场景下的估算值整合起来，考虑了不同情况下的极端可能性，以更全面地评估项目的成本。

具体步骤如下。

首先，确定三个估算值。

乐观值（O）：代表项目完成所需时间或成本的最短时间或最低成本，即最理想情况。

悲观值（P）：代表项目完成所需时间或成本的最长时间或最高成本，即最糟糕情况。

最可能值（M）：代表项目完成所需时间或成本的最有可能的值，基于对项目的分析和专业判断。

第二步，计算加权平均值：

使用PERT公式计算最终的成本估算值：

$$PERT估算值 = \frac{O + 4M + P}{6}$$

选择合适的成本估算技术取决于项目的性质、可用数据和所处阶段。通常，在不同阶段可能需要结合多种方法进行估算，以提高估算结果的准确性和可靠性。

这个公式的含义是，将乐观值和悲观值的加权平均与最可能值的4倍加权平均，然后再除以6，得出最终的PERT估算值。

举例来说，假设有一个土木工程项目，对于项目完成所需成本的估算如下：乐观值为100万元，最可能值为150万元，悲观值为200万元。按照PERT公式进行计算：

$$\text{PERT估算值} = \frac{100+4\times150+200}{6} = \frac{100+600+200}{6} = 150\text{万元}$$

因此，根据三个估算值的加权平均，项目的成本的PERT估算值为150万元。这个估算值考虑了乐观和悲观情况，并根据最可能值的权重，提供了一个比单一估算更全面的成本估算。

三、预算编制流程

（一）制定项目预算的步骤和流程

项目预算编制是项目管理中至关重要的一环，其步骤和流程包括以下几个关键阶段：

1. 明确定义项目范围和目标

首先，确保对项目的范围、目标和可交付成果有清晰的理解和定义。这是项目预算编制的基础，因为预算需要对应项目的具体需求和目标。

2. 收集项目数据和信息

收集项目相关的数据和信息，包括项目计划、工程量清单、设计文档、市场行情、历史数据、专家意见等。这些信息将在预算编制过程中被用于估算和分析。

3. 成本估算

基于已收集的数据和信息，进行成本估算。采用不同的方法（如参数估算、比价估算、德尔菲法、成本估算软件等）来预测项目各阶段或整体的成本。

4. 资源分配和优化

将成本分配给各个项目活动或任务，同时考虑资源的最佳利用。这可能涉及人力资源、物资采购、设备租赁等方面的分配和优化。

5. 制定预算

在考虑项目需求、限制条件和可用资源的基础上，制定项目预算。预算需要详细列出各个活动或阶段的成本，同时考虑风险和储备。

6. 审核和批准

对制定的预算进行审核和评审，确保预算合理、可行且符合项目目标。在得到利益相关者（如项目管理团队、资金出资方等）的批准后，最终确定预算。

7. 预算执行和监控

预算编制完成后，需要进行严格的执行和监控。确保项目实际开支与预算一致，必要时对预算进行调整以适应变化和风险。

8. 报告和沟通

定期向利益者提供预算执行情况的报告，与之进行有效沟通，确保他们了解项目的财务状况和进展情况。

这些步骤和流程相互关联，是一个持续的循环过程。项目预算编制需要不断地根据项目进展情况和实际需求进行调整和优化，以保证项目的可控性和成功实施。

（二）确定预算编制的时间表和责任分工

确定预算编制的时间表和责任分工是确保项目预算制定顺利进行的重要步骤。这涉及明确预算编制的时间安排和责任人员的分工合作，以确保预算按时、有效地完成。

首先，制定预算编制的时间表需要考虑项目的整体进度和里程碑。根据项目计划，明确预算编制的起止时间，并在时间表中设定关键的阶段性里程碑，如成本估算完成时间、预算审核截止日期等。这些时间节点有助于掌握进度，及时发现问题并做出调整。

责任分工则涉及确定参与预算编制的团队成员和他们的职责。通常包括财务部门、项目经理、成本控制专员、部门负责人等。明确各个责任人员的角色和职责，例如负责成本估算的团队负责人、审核预算的财务专员等。同时，明确他们之间的协作和沟通机制，确保信息流畅、有效地传递。

责任分工也包括任务的划分和优先级的设定。确定谁负责收集项目数据、谁负责进行成本估算、谁负责预算制定以及最终的预算审批者。这些任务的分工要求清晰、透明，以避免重复劳动和信息不对称。

团队应根据时间表和责任分工，进行有效的沟通和协作。建立定期会议或进度跟踪机制，确保预算编制过程中的问题能够及时发现和解决。同时，灵活应对可能出现的变化和挑战，必要时对时间表和责任分工进行调整，以适应项目需求的变化。

总之，一个清晰明确的预算编制时间表和责任分工是保证预算制定顺利进行的关键。它有助于团队明确任务、分工协作，并在预算编制过程中保持高效率和高质量。

（三）整合各项成本

整合各项成本，包括直接成本和间接成本，是项目预算编制中的关键步骤，这涉及对项目所有相关成本的全面考量和汇总。

首先，直接成本是与项目直接相关的费用，通常可以直接归属于特定项目活动或任务的成本，如人工费用、原材料成本、设备租赁费用等。这些直接成本需要从项目的工程量清单或相关数据中收集和计算，确保将所有直接相关的费用纳入预算。

其次，间接成本是与项目相关但不直接归属于特定活动或任务的费用，例如管理费用、行政费用、项目管理团队的费用等。这些成本可能需要根据一定的分配规则或基于历史数据进行合理分摊或估算，以确保它们被适当地纳入项目预算。

在整合这些成本时，需要清晰地定义和区分各类成本，并采用适当的方法和工具进行汇总和计算。可能需要利用成本估算软件、财务工具或者 Excel 等来对各项成本进行分类、加总和调整，以确保预算的全面性和准确性。

再次，在整合成本的过程中，需要确保对潜在的变化和风险进行充分考量。包括可能的成本增加因素、风险准备金、变更管理等，以确保项目预算具有一定的灵活性和容错性。

最后,整合各项成本是一个动态过程,需要不断地进行监控和调整。一旦有新的信息或变化出现,预算可能需要根据实际情况进行修订和更新,确保预算与实际执行保持一致。

四、预算的监控与调整

(一)实施实时的预算监控和比较

实施实时的预算监控和比较是确保项目在执行过程中能够及时发现偏差并采取必要纠正措施的重要手段。这需要建立有效的监控系统,实时收集、分析和比较实际成本和预算成本数据。

首先,确立监控系统,实时收集与项目成本相关的数据,包括开支、资源使用、工程量等信息。确保实时获取最新的数据,以便迅速发现任何与预算偏离的情况。可以利用成本估算软件或财务系统等工具,实现自动化数据采集和报告生成,提高监控的效率和准确性。

其次,进行实时比较和分析,定期比较实际成本和预算成本。这种比较有助于识别成本偏差,并找出导致偏差的原因。观察成本的趋势,了解成本变化的方向和速度,以便预测未来可能出现的偏差和风险。注意发现异常点或不寻常的支出,可能表明潜在问题或额外成本的产生。

最后,根据实时监控和比较结果采取相应的纠正措施。一旦发现成本偏差或其他问题,及时与相关团队成员进行沟通,确定解决方案并采取行动。如果成本偏离较大,可能需要对预算进行调整,或者重新分配资源以控制成本。监控和比较是一个持续的过程,需要持续追踪,及时修正,以确保项目在预算范围内运行。

实时预算监控和比较需要持续不断地收集数据、进行分析和采取行动。这样的实践有助于及时发现潜在问题、控制成本,并确保项目能够在规定预算内有效进行。

(二)在必要时调整预算以应对变化和风险

在必要时调整预算以应对变化和风险是项目管理中的重要措施,它确保项目在面临变化和风险时能够灵活应对,保持可控性和可持续性。

首先,对项目可能面临的各种风险进行全面评估和识别,包括技术、市场、人员、法律等方面的风险。及时识别和记录项目范围、需求或目标的变化,以及其可能对成本产生的影响。

其次,对变化和风险的可能成本影响进行评估,确定其对项目预算的潜在影响。评估风险的发生概率和对项目的实际影响程度,以便确定优先处理的风险和变化。

再次,采取必要的调整措施,如根据变化和风险的影响,进行预算的修订和调整,增加风险储备或重新分配资源。或重新分配资源以支持应对变化和风险,可能涉及调整人力、物资采购或项目进度等方面。同时,建立变更管理机制,确保任何预算调整都经过适当的批准和文档记录。

最后，将预算调整和资源重新分配的计划付诸实施，确保各项调整按照计划进行。并对调整后的预算和资源使用进行持续监控，确保调整的有效性和合理性，并根据实际情况进行进一步调整。

在项目执行过程中，变化和风险是难以避免的。因此，灵活的预算管理和及时的调整对于确保项目顺利进行和目标达成至关重要。持续评估、灵活应对和有效的监控是成功应对变化和风险的关键步骤。

第二节 成本控制和绩效评估

一、成本控制原则

为了提高成本控制的整体质量，土木工程项目的成本控制工作应遵循以下原则进行：

（一）最低成本原则

最低成本原则是土木工程项目中重要的成本控制理念之一，它强调在确保项目质量和效率的前提下，最大限度地降低项目整体成本。这一原则的核心是在不牺牲质量和效率的前提下，通过合理的成本控制手段降低项目总成本。

1. 质量与效率平衡

在实施最低成本原则时，关键在于平衡质量和效率。项目目标不仅在于降低成本，还包括确保工程质量达标和工作效率高。因此，在选择成本节约措施时，需要兼顾项目的质量要求和效率目标，确保成本降低不会损害项目的整体品质。

2. 资源优化与成本效益

最低成本原则强调资源的最佳利用。优化资源的配置和使用，例如合理安排人力、精简材料采购、有效利用设备等，可以降低浪费和额外成本。同时，选择成本效益高的技术、工艺和方法，使得每一项支出都能够产生最大的价值和效益。

3. 合理控制与管理成本

合理控制和管理成本是最低成本原则的重要组成部分。包括建立详细的成本计划、严格执行预算、定期进行成本核算和分析、及时发现和纠正成本超支等。通过精细的成本管理，能够避免不必要的支出和额外成本的产生。

4. 预防和减少浪费

最低成本原则倡导预防和减少各种形式的浪费。包括时间浪费、资源浪费、能源浪费等。通过识别和消除造成浪费的因素，能够有效降低项目成本。

最低成本原则不仅仅是简单地追求降低项目总成本，更是在合理范围内，确保质量、效率和价值最大化的同时，尽可能地减少不必要的支出和浪费，以确保项目在有限资源下获得最大的经济效益。

（二）全过程管理原则

全过程管理原则是成本控制中关键的指导原则之一，强调成本控制工作贯穿整个项目生命周期，而不是仅限于特定阶段。这一原则涵盖了以下几个关键方面：

1. 项目全周期覆盖

成本控制需要从项目启动阶段开始，贯穿整个项目周期，包括规划、设计、实施、监控、整合和交付等各个阶段。这意味着成本控制团队需要在项目的不同阶段持续参与，并对成本情况进行全面监控。

2. 持续的跟踪和监控

成本控制不是一次性的活动，而是需要持续跟踪和监控的过程。包括收集实际成本数据、与预算进行对比分析、识别潜在的成本风险和偏差，并及时采取纠正措施。通过持续监控，可以及早发现问题并做出调整，避免成本超支或不可控的情况发生。

3. 协同整合的管理

全过程管理原则也强调了项目各方之间的协同和整合。不同部门和团队之间的紧密合作和信息共享是确保全过程成本控制的关键。有效的沟通和协作有助于确保成本信息及时传达，各方能够对成本情况有清晰的了解，并在必要时共同制定解决方案。

4. 及时发现和纠正问题

全过程的持续管理可以及时发现潜在的成本问题和风险。这有助于及早采取行动纠正问题，避免问题进一步扩大或影响项目进度和质量。不仅发现问题，更要着重于解决问题并制定预防措施，以确保成本计划按预期实施。

5. 持续改进和优化

全过程管理强调持续改进的重要性。团队应该不断总结经验教训，寻找改进成本控制的方法和途径，并将这些经验应用到当前项目及未来项目中，从而不断优化成本管理策略和流程。

综上所述，全过程管理原则着重于确保成本控制工作贯穿于项目的始终，并通过持续跟踪、协同管理和问题纠正来保障项目的成本控制效果。这有助于项目在整个周期内实现预算目标并提高整体的管理效能。

二、成本控制策略

（一）决策与设计阶段成本控制

在土木工程项目的决策与设计阶段，成本控制是确保项目从一开始就在合理范围内管理成本的关键。首先，在方案选择和投资决策中，重点在于评估各种建设方案，进行详尽的投资估算，综合考虑技术、经济性、可行性等因素，以确保选定方案在成本与效益之间取得平衡。同时，对风险进行充分评估，准备好应对可能的成本增加情况的预备资金和风险管理机制。监理设计过程也至关重要，确保设计合理、贴近实际，并在设计阶段参与评估，以优化设计方案、降低不必要的成本支出。在实施"限额设计"方法时，明确设定成本限额，约束整个工程的成本，促使设计团队在成本控制的前提下提供经济实用、先进合理的设计成果。最后，在设计阶段，实施成本控制策略，定期评估设计成果的成本，与预算进行对比，并及时调整和控制超出预算的部分，确保设计成果在成本预算内得到有效实施。这些措施在项目决策与设计阶段的贯彻，为项目后续的顺利实施奠定了坚实的成本控制基础。

（二）施工阶段的成本控制

1. 招标管理

工程实施阶段的成本管理分为招标管理和施工管理，其中招标管理是建设单位有效控制工程成本的重要手段。建设工程的招投标制度不仅有助于提高工程的经济效益和质量，还有助于缩短投资回报周期。在工程量清单的编制过程中，编制人员需要深入研究设计图纸，详细分析招标文件中包含的工作内容和各项技术要求。此外，对现场情况进行认真勘测，尽可能预测施工可能遇到的情况，并针对可能影响报价的项目进行划分。为了确保建设单位的利益，应明确中标价中的综合单价为不变价，实际工程量按实际施工情况进行结算。

在评标过程中，应对报价进行综合评审，不仅要考虑总报价符合要求，还需审查单项报价的合理性。此外，单项报价的最低并不代表总报价最低。招标人常常会在保持总造价不变的情况下降低某些项目的单价，以便在竣工结算时追加工程款。因此，需综合考虑单价与工程数量的评审，重点关注工程数量大的单价，并综合分析单价与工程内容、施工方案以及技术工艺的匹配性。这样有助于优选合适的施工单位，并签订严谨的施工承包合同，从而有力地控制工程成本。

2. 施工阶段对工程成本的管理与控制

在施工阶段，工程成本的管理与控制关键在于施工合同的合理管理和实施。一旦合同签订，合同文件及其延伸的协议、会议纪要等必须被完整保留，这些文件是对合同内容的重要解释和延伸。施工阶段的成本控制需要采取多方面的措施：

首先，从组织上，需要明确项目组织结构，确定成本控制者及其任务，确保每个部分都有专人负责。其次，在技术层面上，需要严格审查各阶段的设计方案，以技术经济的角度评估设计方案的可行性，深入研究如何节约投资。从经济角度出发，动态比较预算值与实际值，严格审核各项费用支出，根据设计进展情况调整设计方案，控制工程预算在概算范围内，并实施"分级控制、限额签证"制度。

最后，建设单位的现场代表需要督促施工方做好记录，尤其是隐蔽工程记录和签证工作，以减少后期结算时的争议。同时，对于与合同约定不符的情况，应当及时办理现场签证，着重签署客观实际情况而非造价，并加强工程造价资料的积累和分析。这一阶段是成本动态控制的关键阶段，需要对成本进行持续监控和管理，以确保项目的预算控制在合理范围内。

（三）项目后期成本控制

在完成建筑工程后，竣工结算是评估工程最终完成情况并确定最终费用的过程。建设单位必须依据竣工验收的标准和程序来进行评估。包括正确核定工程的实际价值，并在结算过程中，严格按照合同规定进行费用核算。审核人员需确保费用的准确性，对预算以外的费用进行严格控制，尤其是那些未按照工程图纸要求完成的工作或未经批准执行的施工变更。对于合同明确包含的费用和违约行为，应该按照约定执行，严格审核，确保费用的合理性。同时，也需要公正处理各方提出的索赔，保护自身的合法权益。结算审核过程中，需重点关注项目单价、结算书中各项内容的准确性，并结合实际情况进行合理分析和计算。

竣工后费用的控制主要涉及保修费用的处理。包括处理勘察、设计、施工、设备、材料、构配件不合格、用户使用或不可抗力等导致的保修费用。在竣工后，要注意对保修费用的管控，针对不同原因造成的问题，分别进行合理的处理和解决。

三、绩效评估指标

（一）评估项目绩效的关键指标

在土木工程项目中，成本控制是一个至关重要的方面。以下是评估土木工程项目成本控制绩效的关键指标：

1. 成本偏差指标

指实际成本与预算成本之间的差异。包括预算成本、实际成本以及二者之间的偏差分析，有助于及时发现成本超支或节约情况。

2. 成本绩效指数

成本绩效指数是实际花费与计划花费之比。成本绩效指数 I 大于 1 表示项目花费低于预期，小于 1 表示超出预期。

3. 完工预算偏差

完工预算偏差是指在当前完成程度下，预计最终成本与原始预算之间的差异。正值表示成本节约，负值表示超支。

4. 成本管理效率

衡量成本管理措施的有效性和效率，包括成本估算的准确性、成本核算的及时性和准确性等。

5. 成本效益分析

包括成本效益比率、投资回报率等指标，用于评估投入产出比，确保支出能够得到合理的回报。

6. 变更管理成本

考虑项目变更对成本的影响，包括变更订单成本、额外工程费用等，确保变更管理不会对整体成本造成过大的增加。

7. 资源利用效率

衡量资源使用的效率，包括人力、材料、机械设备的利用率和优化程度。

8. 财务监控指标

包括资金流动、支付进度、账目结算等财务方面的指标，确保成本控制在预期范围内。

这些指标可以帮助项目团队了解项目的实际成本情况，及时识别潜在的成本问题，并采取相应的措施来控制和管理成本，确保土木工程项目在预算范围内高效完成。

（二）成本控制绩效评估的方法

在土木工程项目中进行成本控制绩效评估时，有几种有效的方法：

1. 赚值管理

赚值管理（EVM）是一种综合考量进度、成本和工作完成情况的方法，用于评估项目的绩效。它基于计划价值（PV）、赚得价值（EV）、实际成本（AC）这三个核心指标。

计划价值：即预算成本，表示在特定时间点上应完成的工作的预计成本。

赚得价值：表示在特定时间点上实际完成的工作的预算价值。

实际成本：表示实际花费的成本。

EVM 主要利用这些指标来计算和比较：

成本偏差（CV）：$CV = EV - AC$。正值表示项目在此时间点上的实际成本低于预算，负值表示实际成本高于预算。

进度偏差（SV）：$SV = EV - PV$。正值表示在此时间点上实际完成工作超出了预期，负值表示进度滞后。

成本绩效指数（CPI）：$CPI = EV / AC$。大于 1 表示工作的价值超出了实际花费，小于 1 表示价值低于实际花费。

进度绩效指数（SPI）：$SPI = EV / PV$。大于 1 表示工作完成速度超出了预期，小于 1 表示完成速度低于预期。

2. KPIs（关键绩效指标）监控

KPIs 监控在土木工程项目中是确保成本控制有效性的重要手段。以下是一些常用的关键成本控制指标：

成本效益比（CBR）：项目的总成本与其预期收益之间的比率。这个指标可以帮助评估投入资金和项目产出之间的平衡，以确定项目的经济效益。

成本绩效指数：$CPI = EV / AC$。该指标衡量实际花费与实际工作价值之间的比率，用于评估实际成本和实际工作价值之间的效率。

完工预算偏差（VAC）：$VAC = BAC - EAC$，其中 BAC 是原始预算，EAC 是完工预算。这个指标表示在当前完成程度下，预计最终成本与原始预算之间的差异。

成本偏差（CV）：$CV = EV - AC$。该指标用于衡量实际成本和预算成本之间的差异，正值表示实际成本低于预算，负值表示超出预算。

成本效率指标（CEI）：这个指标是实际成本与计划成本之间的比率。它显示了在某个时间点上实际花费相对于计划花费的效率。

通过监控这些关键的成本控制指标,项目团队可以及时发现问题并采取必要的纠正措施。例如,如果CPI低于1,表示实际成本高于预期,项目团队可以采取节约成本的措施;如果VAC呈现负值,可以考虑调整预算或加强成本控制措施。这些指标提供了洞察项目当前状态和未来走向的信息,帮助项目团队及时干预和调整,确保项目按计划顺利进行。

这些方法都有助于评估土木工程项目的成本控制绩效。通过综合应用这些方法,项目团队可以更好地把控成本,确保项目在预算范围内高效完成。

第三节 资金筹措和资金管理

一、资金筹措方式

(一)融资的概念与特点

资金筹措又称融资,土木工程项目融资是指为土木工程建设所需资金进行筹集的过程。这些资金通常用于支持基础设施建设、道路、桥梁、水利工程等土木工程项目。这类项目往往需要大量的资金投入,因此融资成为项目成功实施的重要环节。

土木工程项目融资具有以下特点。

1. 资金需求大:土木工程项目通常规模较大,需要大量资金用于物资采购、人力投入、技术设备等,因此融资数额庞大。

2. 长期性:这类工程项目往往耗时较长,因此融资方式通常要考虑到长期的资金支持和保障,包括资金供应、利息支付等。

3. 固定资产投资:土木工程项目的融资通常用于固定资产投资,例如建筑物、基础设施等,这与一般商业性项目有所不同。

4. 技术含量高:土木工程项目往往涉及高技术含量,资金用途需要考虑到技术设备采购、专业人才培养等方面。

5. 风险性高:由于项目周期长、受自然条件等影响,土木工程项目的风险相对较高,融资需要考虑到风险防范和应对措施。

土木工程项目融资的特点决定了融资过程需要结合项目特性、资金市场情况、长期投入与回报等方面因素进行全面考虑。因此,选择合适的融资方式和机构以及制订合理的资金计划和使用方案至关重要,以确保项目顺利进行并取得成功。

(二)融资的运作程序

土木工程项目融资的运作程序通常包括以下步骤。

1. 确定资金需求

确定项目所需资金的规模和用途,包括物资采购、工程施工、人力成本、技术设备等各方面的资金需求。

2. 项目可行性研究

进行详尽的项目可行性研究和风险评估，考虑市场需求、技术可行性、政策法规、资金回报等因素，确保融资计划的合理性和可行性。

3. 选择融资方式

根据项目需求和特点选择适合的融资方式，可以是商业贷款、发行债券、股权投资等。需考虑利息率、期限、还款方式等。

4. 制定融资方案

制定详细的融资方案，包括融资额度、利率、担保方式、还款期限和方式等，确保方案符合项目需要和可持续性。

5. 向融资机构申请

提交融资申请并与潜在融资方进行洽谈，商讨融资细节和条件，包括利率、抵押品等方面的具体要求。

6. 融资协议达成

在谈判后达成融资协议，明确资金的使用规定、还款期限、利率、抵押品等细节，并签署相关合同和文件。

7. 资金使用与监管

资金融资后，根据协议规定开始使用资金，并对资金使用情况进行监管，确保符合融资协议的要求。

8. 还款与利息支付

按照协议规定的还款方式和时间，按时偿还借款本息，并支付利息。

在整个融资过程中，严格按照融资计划和协议的要求执行，同时持续进行项目进展和资金使用情况的监管，确保资金使用的透明度和合规性。因为土木工程项目的复杂性和特殊性，项目融资的运作程序需要特别注意项目风险控制和资金安排，以确保项目按计划实施并取得成功。

（三）融资的主要模式

土木工程项目的融资模式多种多样，根据项目特点和融资需求，可以采用以下一些主要的融资模式。

1. BOT 模式（建设－运营－转让）

BOT 模式是一种公私合作的基础设施项目运作模式。在这种模式下，私人企业（通常是建筑公司或投资方）承担投资建设某项基础设施或项目的责任，完成后负责其运营和管理。私人企业会在一定期限内（通常是长期合同），运营该基础设施并从中获得收益。

在 BOT 模式中，私人企业承担了项目建设阶段的投资和风险，一旦项目建成并开始运营，该企业通过收取用户费用或其他形式获取收益，以补偿其投资和获得利润。在合同期满时，按照合同约定，项目所有权通常会转移给政府或指定的合作方。

这种模式的优势在于可以吸引私人资金和技术参与基础设施建设，并减轻政府的财政压力。私人企业通过长期运营也可以获得稳定的投资回报。而政府或公共机构则能够在项目建成后获得基础设施的所有权和运营控制权。

然而，BOT模式也存在一些挑战和风险，例如私人企业可能面临建设阶段的不确定性和风险，运营阶段的市场变化等。此外，合同的设计和管理也是确保此类项目成功的关键，需要充分考虑到风险分担、合同期限、收益分配等方面的细节，以保障项目的可持续发展和运营。

2. PFI模式（私人资本参与公共基础设施）

PFI是一种公私合作的模式，旨在让私人部门参与并负责公共基础设施的资金投入、建设、运营和维护。在PFI模式下，私人企业或机构通常会投资并承担公共基础设施项目的建设和运营责任，例如医院、学校、道路等项目。

与传统的公共基础设施建设方式不同，PFI模式下，政府或公共机构不直接投资建设，而是支付给私人部门一定期限内的服务费用，以换取基础设施的使用权。这些服务费用通常覆盖了私人部门的投资回报、运营成本和维护费用，并根据合同约定在一定期限内支付。

PFI模式允许政府获得现金流，减轻了政府的资金压力，并允许私人部门承担了项目的一定风险和管理责任。私人部门在承担这些责任的同时，也可以从服务费用中获得回报和利润。

尽管PFI模式为政府提供了一种获取基础设施建设与服务的方式，但也存在争议。一些批评者认为，长期的服务费用支出可能超出传统公共投资的成本，并且政府长期的财政负担可能增加。因此，PFI模式的实施需要仔细考虑合同条款、服务质量监管和公共利益保障等方面，以确保公共基础设施的质量、可持续性和社会效益。

3. ABS模式（资产证券化）

ABS是一种金融工具，它将不同类型的具有稳定现金流的资产捆绑在一起，然后将这些资产转化为可交易的证券，供投资者购买。这些资产可以包括房地产贷款、汽车贷款、信用卡债务或其他持有稳定现金流的资产。

ABS的工作方式是将这些资产打包成不同等级的债券或证券，这些等级根据资产的风险水平和预期收益而定。通常，较高等级的证券享有较高优先权，即先于其他证券获得还款，并因此具有较低的风险和较低的利率，而较低等级的证券则具有较高的风险和利率。

资产证券化对于资产所有者来说，可以将资产转换为现金，从而释放资金用于投资或其他经营需求。对投资者而言，他们可以通过购买ABS证券获取一定的收益，这些证券通常具有多样化的特点，可以分散投资风险。

然而，ABS也有一些风险，特别是在对资产质量和现金流的评估方面。如果底层资产的表现不佳，可能会影响到证券的价值和投资者的收益。因此，对资产的充分评估和透明度是资产证券化成功的关键。ABS 模式的使用需谨慎,充分了解底层资产的性质和风险是至关重要的。

4. 融资租赁

融资租赁是一种通过租赁协议获取资产使用权的方式。在这种安排中,出租方(也称为融资租赁公司)向承租方提供所需的资产,如设备、机器、车辆等,承租方支付一定的租金以使用这些资产,但出租方仍保留资产的所有权。融资租赁通常被用于企业获取所需资产的使用权,而无须支付资产的全部购买费用。

融资租赁的优势在于企业可以通过租赁方式获得所需资产的使用权,而不需要一次性支付全部购买费用,从而降低了资金压力。租金支付通常根据租赁协议约定,在租赁期间支付,可以根据需要的灵活性进行调整。

另外,融资租赁通常分为两种类型:直接融资租赁和回租。直接融资租赁是指承租方在租赁期结束后有权购买资产,而回租是指企业先购买资产,然后将其出租给融资租赁公司,再由企业承租回来使用,从而获取资金。

虽然融资租赁提供了一种灵活的融资方式,但需要注意的是,尽管企业可以获取资产的使用权,但并不拥有资产所有权,因此在租赁期间,资产通常不能作为抵押物或财务表中的固定资产。此外,租金支付可能随租赁期的延长而增加,因此企业需要综合考虑租赁费用和购买资产的长期成本。

5. 产品支付

产品支付模式是一种常见的付款方式,特别适用于大型工程项目或长期服务交付。在这种模式下,企业与供应商或承包商签订合同,约定了产品或服务的交付期限和阶段性支付款项的金额及时间。

对于大型工程项目,产品支付模式通常按照项目完成的不同阶段或关键节点,进行分期支付。例如,在完成设计阶段、物资采购、施工阶段和最终交付等阶段性里程碑中,支付款项。这种方式能够确保支付与实际工作进度相关联,减少了企业的风险,并鼓励供应商或承包商按计划交付产品或服务。

这种模式下的付款安排需要明确的合同约定,包括阶段性支付的金额、时间、交付标准和验收标准等。同时,必须对供应商或承包商的工作进行严格的监督和验收,确保交付的产品或服务符合合同约定的质量和标准。

产品支付模式有利于项目的资金管理,因为付款与工程进度相关联,可以避免过度支付或支付后未能按时交付的风险。然而,合同的详细约定和严格的监督是确保该模式成功运作的关键。

6. 政府与私人合作伙伴关系模式(PPP)

PPP 模式旨在共同投资、建设和运营项目,包括基础设施、公共服务等领域。在 PPP 模式中,私人部门与政府或公共机构合作,共同承担项目的投资、运营和风险。这种模式常见于基础设施建设领域,例如道路、桥梁、医疗设施等。

在 PPP 模式中，私人部门通常会投入资金并负责项目的建设、运营和维护，同时政府或公共机构提供支持或合作，可能以提供土地、减免税收、给予优惠政策或补贴等形式支持项目。私人部门在项目中承担一定风险，例如建设风险、运营风险等，并期望通过项目获得回报，可以是长期的投资回报或在项目运营期间的收益。

PPP 模式的优势在于整合了公共和私人部门的优势，加速了基础设施建设进程，减轻了政府财政压力，提高了资源利用效率。然而，成功实施 PPP 项目需要政府与私人部门之间的良好合作，即充分的项目可行性研究以及合理的风险分担机制。同时，监管和合同管理也是确保 PPP 项目成功的关键因素，以确保项目各方的权益和责任能够得到有效保障。

总之，每种融资模式都有其适用的范围和特点，可以根据项目需求、风险偏好和市场条件选择最合适的模式来满足资金需求。

二、资金计划和管理

（一）资金计划的制订

土木工程项目的资金计划是确保项目在建设过程中有足够资金支持的重要一环。资金计划的制订需要考虑到项目的整体规模、阶段性资金需求、支出的时间安排以及风险管理等因素。

首先，项目团队需要进行详尽的成本估算，包括劳动力成本、原材料采购、设备租赁或购买、监理费用、手续费用等各项支出。这需要综合考虑市场价格、项目特点、地域因素等，制定出尽可能准确的预算。

其次，根据项目的时间计划，将预算分配到不同的阶段或时间点，制订阶段性的资金支出计划。这能够帮助确保在项目不同阶段有足够的资金支持，并避免在某个阶段出现资金短缺的情况。

资金计划的制订还需要考虑到风险因素。针对不确定性风险，需要建立适当的储备金以应对可能的成本增加或紧急情况。此外，应充分考虑市场变化、物价波动、供应链中断等因素，制定应对措施。

资金计划的制订不仅涉及资金数额的规划，也需要关注财务管理和预算控制。在计划执行过程中，需要建立有效的监控机制，定期进行预算执行情况的审查和调整，确保预算与实际支出的匹配，并及时采取措施应对预算偏差。

最后，资金计划的制订需要与项目其他方面的计划相协调。与工程进度计划、采购计划和财务计划等紧密结合，确保资金的及时性和有效性，以支持项目的顺利进行。

（二）资金流动性管理策略

资金流动性管理是确保项目在不同阶段有足够资金需求和支付能力的关键方面。下面是一些资金流动性管理策略。

1. 预算和现金流分析

定期进行预算和现金流分析，以了解预期支出和收入，预测资金需求。这种分析能够帮助识别潜在的资金短缺或过剩，并采取适当措施。

2. 资金储备

建立一定额度的资金储备，以应对突发的支出或不确定性因素。这种储备可作为备用资金，用于应对资金短缺或未预料到的费用增加。

3. 优化账款和账单管理

加强账款和账单的管理，确保客户按时支付账款，同时争取延长支付给供应商的账期，以优化资金使用效率。

4. 合理的资金筹措方式

根据项目需要，选择合适的资金筹措方式，比如商业贷款、债券发行、融资租赁等，以满足项目的资金需求，同时降低资金成本和风险。

5. 严格的成本控制

强调成本控制和审计，确保项目内部的费用和开支得到合理控制，避免过度支出或资金浪费。

6. 流动性预警机制

建立流动性预警机制，及时发现并解决资金流动性问题。包括制定预警指标和监测资金流的实时系统。

7. 风险管理和应急计划

针对可能的风险，制订应对计划。这些风险可能包括市场变化、供应链中断、自然灾害等，需要有相应的应急预案来保障资金的稳定性和项目的顺利进行。

综合运用这些策略能够帮助项目有效管理资金流动性，确保在项目各阶段有足够的资金支持和支付能力。

三、资金风险管理

（一）资金管理中的风险因素

土木工程项目的资金管理中存在多种风险因素，这些因素可能影响项目的资金流动性和稳定性。以下是一些常见的资金管理中的风险因素。

市场风险：市场变化可能导致资金成本的波动，包括货币汇率波动、利率变化等，可能影响项目资金的筹集成本和资金的支出。

资金流动性风险：当项目需要资金时，资金流动性不足可能导致资金短缺，影响项目的顺利进行。资金流动性风险还可能因为账款未能按时收回或未能及时支付账款而产生。

成本风险：成本超支可能是一个潜在的风险，包括预算不足、成本估算不准确、价格波动等因素可能导致资金不足。

项目延误风险：如果项目进度受到阻滞或延误，将导致预期资金需求增加，可能需要额外的资金来支付未来的成本。

信用风险：与供应商或承包商的交易涉及信用风险。如果某个供应商违约或无法按时完成工作，可能需要额外资金或者导致资金流动出现问题。

政治和法律风险：政策变化、政府干预或法律诉讼等因素可能影响项目资金的流动和支出。

自然灾害风险：自然灾害如洪水、地震等可能导致资金损失，需要额外的资金用于修复和恢复。

（二）资金管理风险应对策略

在面对土木工程项目中的资金管理风险时，实施一系列应对策略至关重要。项目团队应该建立有效的预算和资金规划，不仅要确保充足的资金供应，还需要对不同阶段的支出进行合理分配，以降低资金短缺的风险。同时，审慎评估成本、市场变化、供应链风险等因素，制订弹性的资金计划，以便在需求变化或不确定性出现时进行调整。

对于市场波动和汇率变化等风险，可采取对冲措施，如利用金融工具进行货币对冲或利率对冲，以降低资金成本的不确定性。建立紧密的现金流管理机制也是关键，定期进行现金流分析和预测，监控资金的流入和流出，及时发现问题并做出调整。

在供应商和承包商方面，对信用风险要有所考虑。建立合理的供应商评估机制，确保与可靠的供应商合作，并在合同中明确支付条款和交付条件，以减少供应链中的不稳定因素。

另外，灵活运用资金，优化账款和账单管理是降低资金风险的重要手段。及时追踪应收账款和延长账期，同时管理好账务周期，可以提高资金利用率和灵活性。

最后，建立健全的风险管理框架和应急预案也是必要的。对各类风险进行评估和监控，制定相应的应对措施，以及时应对突发情况，保障项目资金的安全性和流动性。

第四节 项目财务报告和审计

一、财务报告的作用

土木工程项目的财务报告在项目管理中扮演着至关重要的角色，具有多方面的作用。

（一）全面反映工程项目的成本和费用情况

财务报告提供了对工程项目成本和费用的全面记录和描述。包括工程投资、劳动力成本、材料采购、设备租赁、监理费用等方面的详细数据。通过报告中的数据能够清晰了解项目资金的使用情况，掌握各项成本的支出情况，为监控和控制成本提供重要依据。

（二）为制订工程成本计划提供依据，为企业经营决策提供依据

财务报告为未来项目决策提供了重要参考。通过对成本、费用和收入的全面分析，项目管理者可以基于过去的数据制订未来的成本计划和预算，为项目的可持续发展和运营提供指导。这些报告也为企业的战略规划和经营决策提供了依据，帮助管理者更好地了解项目的财务状况，从而制定合适的业务发展策略。

（三）评价和考核成本管理业绩的依据

财务报告是评价和考核成本管理业绩的重要依据。它提供了一个衡量项目成本控制、管理效率和资金利用情况的标准。通过对报告中的数据进行分析，可以评估项目团队的成本控制能力，发现问题并及时进行调整，以提高项目的效率和经济性。

总的来说，财务报告通过记录、分析和展示项目的资金流动和成本支出情况，为管理者和利益相关者提供了清晰的了解项目财务状况的窗口，为未来决策提供了基础和依据。这些报告不仅有助于项目的财务管理，也是项目经营和发展的重要参考。

项目工程财务报告使用者既可以是工程项目操作层，也可以是决策层以及监管部门，如建设方项目经理、财务总监、投资方等。

二、财务报告组成

土木工程项目的财务报告由以下部分组成。

1. 状况表

这是在特定日期（通常是年末、季末或月末）编制的报表，用于反映整个项目资金的使用状态。它展示了项目在特定时间点的资产、负债和所有者权益，为利益相关者提供了对项目财务状况的快照。

2. 资金流量表

这个表反映了项目在建设期间资金的流入和流出情况。它会详细列出项目在一段时间内的资金来源，例如投资、融资，以及资金的具体支出，比如劳动力成本、材料采购、设备租赁等。这个表有助于管理层了解项目在不同阶段的资金运作情况。

3. 变更情况调节表

这个表格记录了当前期间与之前期间相比，工程项目发生的变更情况，特别是与成本相关的变更。这可能包括范围变更、工程量变更或其他影响造价的变化。这种表格有助于管理层了解项目变更对造价和资金使用情况的影响。

4. 编制说明

这部分提供了关于整个财务报告的解释和背景信息。它包括项目的基本情况、对造价影响较大的问题及其原因、针对这些问题的改善措施以及其他相关建议。编制说明有助于读者更好地理解财务报告中的数据，并提供了对项目财务状况的详细解释和评估。

这些报表和说明构成了土木工程项目财务报告的重要组成部分，为利益相关者提供了全面的、详细的关于项目财务状况的信息，以支持决策和透明度。

三、审计程序和流程

（一）规划和执行项目财务审计

土木工程项目的财务审计程序和流程是确保项目财务状况透明、合规性和准确性的重要步骤。在规划和执行项目财务审计时，通常会涉及以下步骤。

1. 确定审计目标和范围

审计的目标是确保项目的财务数据和报告符合相关法规、准则，并具有可靠性。确定审计的范围，包括审计的时间段、涉及的财务数据类型和审计的具体方面。

2. 制订审计计划

制订详细的审计计划，包括确定审计人员、分配资源、制定时间表和确定审计程序。这个步骤确保审计过程有序进行，并充分覆盖了审计的所有方面。

3. 收集财务数据和文件

审计人员收集项目相关的财务数据、文件和记录，包括合同、收据、支出记录、发票等。这些数据将用于审计过程中的分析和核实。

4. 实施审计程序

审计人员根据预定的程序对收集到的数据进行审查和分析。这可能涉及对合同执行情况、支出和收入的验证，以及对财务报表的核实。

5. 识别和评估风险

在审计过程中，审计人员会识别潜在的风险和问题，并对其进行评估。这有助于确定可能存在的问题，并提出改进建议。

6. 撰写审计报告

审计人员根据审计的发现和分析结果，撰写审计报告。报告里将详细说明审计过程中的发现、存在的问题、建议的改进措施等。

7. 提交报告和跟进

审计报告提交给利益相关者，可能包括项目管理团队、监管机构或其他相关方。随后，可能需要跟进并执行建议的改进措施。

规划和执行项目财务审计是确保土木工程项目财务状况透明和可靠的关键步骤。这个过程需要专业的审计团队、严格的程序和详尽的文档，以确保审计过程的准确性和可信度。

（二）确保审计程序符合法规和标准

确保审计程序符合法规和标准是保证审计过程合法性、准确性和可信度的关键。这需要严格遵循一系列法规、准则和标准，以确保审计的合规性和有效性。

首先，审计程序必须符合国家和地区相关的法律法规。包括了审计人员应当遵守的法律条款和规定，确保在审计过程中的操作是合法的，不会违反任何相关的法律法规。

其次，审计需要遵循行业内通用的审计准则和标准，例如国际审计准则或特定行业的审计准则。这些准则和标准确保了审计过程中的一致性和可比性，帮助审计人员正确地执行审计程序。

审计团队必须确保在审计过程中严格遵循和执行规定的程序和方法。包括确保审计的完整性、独立性和客观性，避免潜在的利益冲突和偏见。

在确保审计程序符合法规和标准的过程中，还需要不断更新和持续改进审计方法。这可能包括对新出台的法规、标准或指导方针进行及时了解和应用，并在审计实践中不断积累经验，完善和改进审计过程。

四、财务分析与决策支持

财务分析与决策支持在土木工程项目中起着至关重要的作用。这种分析是对项目财务数据进行综合评估和解释，为管理层提供有关项目健康状况和未来发展方向的关键信息。

首先，财务分析帮助理解项目的财务状况。通过对财务报表和数据的分析，可以评估项目的资金流动情况、成本结构、资产负债状况等方面的信息。这有助于管理层了解项目的财务健康状况，以及是否达到预期的财务目标。

其次，财务分析提供决策支持。它为管理层提供了基于数据的决策依据。对成本效益分析、投资回报率、财务风险评估等方面的分析，可以帮助管理层制定合理的决策，包括资金筹集、项目投资、成本控制、资源配置等方面的决策。

再次，财务分析还有助于发现潜在的问题和机遇。对财务数据的趋势分析和比较，可以识别项目中的潜在风险和问题，并及时采取措施加以解决。同时也有助于发现项目中的潜在机遇，例如可以发现某个领域的成本节约或效率提升的机会。

最后，财务分析有助于监控项目的绩效。对财务数据的跟踪和分析，可以持续评估项目的实际表现与预期目标之间的差距。这有助于进行及时调整和优化管理策略，以确保项目朝着既定的目标发展。

第七章 土木工程项目风险管理

第一节 风险识别和评估

一、工程项目风险识别

（一）风险及风险管理的概述

风险在土木工程项目中被定义为不确定事件或情况，可能对项目目标产生负面影响。风险管理是一种系统性的方法，旨在识别、评估和应对这些潜在的不确定性，以最大限度地降低其对项目造成的负面影响。

在土木工程项目中，风险多种多样，涵盖了诸多方面，如施工过程中的安全隐患、自然灾害、供应链中断、成本超支、技术失败等。这些风险可能导致项目延期、成本增加、质量下降甚至人员伤亡，对项目的成功实施构成严重威胁。

风险管理的概述涉及识别和分析可能影响项目目标实现的各种风险因素。它需要团队全面了解项目的各个方面，并采用系统性方法来识别和评估可能出现的风险。包括对工程项目的整体规划、设计、施工、运营及维护等阶段进行全面考量，以便提前识别潜在的风险点和关键问题。

风险管理的关键在于早期的识别和有效的应对策略。这需要项目团队充分沟通和协作，利用各种工具和技术进行风险识别，制订相应的风险管理计划。综合考虑各种可能性，并采取适当的措施来降低风险对项目的影响，这是确保土木工程项目成功实施的关键之一。

（二）风险识别的重要性和目的

风险识别在土木工程项目中具有极其重要的地位和作用。其重要性体现在以下几个方面：

1. 预防潜在问题

风险识别可以帮助在项目开始之前或在早期阶段发现潜在问题和挑战。通过对各个阶段的细致分析，可以识别可能导致问题的因素，从而采取预防措施，减少风险发生的可能性。

2. 提高项目成功率

有效的风险识别有助于减少项目中的意外事件和不确定性,从而提高项目成功实施的可能性。通过对可能的风险进行提前预见和规避,项目团队能更好地控制局面并做出相应调整,确保项目按计划完成。

3. 资源优化

风险识别使项目团队能够更有效地管理资源。通过了解可能的风险,团队可以在关键领域加强控制,避免资源的浪费,更好地分配资源以应对风险事件。

4. 决策支持

识别风险为项目管理者提供了更全面的信息基础。基于对潜在风险的认识,管理者能够做出更明智的决策,并制定更为可靠的应对策略,以应对可能发生的不利情况。

5. 利益相关方的信任

有效的风险管理向利益相关方(投资者、业主、政府机构等)传递了项目团队对潜在问题的认识和解决能力,增强了他们对项目成功实施的信心。

风险识别的目的是全面了解项目面临的各种潜在风险,并制定相应的管理策略。主要目标包括:

(1)定义和识别可能对项目目标产生负面影响的事件或情况。

(2)对识别的风险进行分析和评估,确定其对项目的影响程度和可能性。

(3)基于对风险的评估,制订相应的风险管理计划和控制措施,以降低风险对项目的影响。

综合而言,风险识别的重要性在于帮助项目团队充分认识并应对可能出现的挑战,确保项目能够按时、按质、按成本顺利完成。

二、风险识别的步骤与方法

土木工程项目中识别潜在风险的过程和方法是一个系统性且综合性的步骤,需要全面考虑项目的各个方面。以下是一般情况下用于识别潜在风险的方法和过程:

(一)制订识别潜在风险的计划

在制订识别潜在风险的计划时,首要任务是建立一个跨领域的专业团队,以确保对潜在风险的全面性和专业性识别。这个团队的组成应该涵盖多个领域,包括工程、设计、施工、法律、环境等方面的专业人员。通过这样的团队组建,能够充分汇集各专业领域的视角和经验,从而对项目进行更全面、多维度的风险识别。

同时,在收集项目资料方面也是至关重要的,包括了对项目规划、设计文档、地质勘察报告、预算、合同等相关文件的仔细收集和审查。这些资料的分析有助于团队全面了解项目的整体情况,包括项目目标、技术细节、法律合规性、环境因素等各个方面的内容。通过深入了解项目的基本信息,团队能够更准确地预见潜在的风险点和挑战,为后续的风险识别和管理奠定了坚实的基础。

这样的综合性计划和资料收集不仅有助于全面理解项目的整体格局，也为团队提供了丰富的信息基础，使其能够更加有效地识别出可能影响项目目标实现的潜在风险。

（二）利用多种方法识别潜在风险

1. 头脑风暴

头脑风暴是一种聚焦于搜集各种观点和想法的创意方法。在识别潜在风险的过程中，这个方法能够激发团队成员的创造力和思维多样性。通过鼓励团队成员自由发表意见，无论是对项目可能出现的风险还是导致风险的因素，都能够得到广泛而多样的观点。

在头脑风暴中，团队成员可以毫不拘束地提出各种可能的风险因素，不受批判限制，从而产生了丰富而多样的想法。这种开放性和自由度有助于发现一些非传统或常规思维所未能触及的潜在风险。

2.SWOT分析

SWOT分析是一种常用的战略管理工具，用于评估项目或组织的优势、劣势、机会和威胁。在识别土木工程项目潜在风险时，SWOT分析有助于将外部和内部因素结合起来，更系统地理解项目的现状。

优势和劣势：这些是内部因素，分析项目团队或计划中的优点和不足之处。了解团队的实力和弱点，能够预见在项目执行过程中可能出现的问题或挑战。

机会和威胁：这些是外部因素，包括项目所处环境中的机遇和威胁。对于机会，可以识别可能带来利益或增益的外部因素；对于威胁，可以预见可能影响项目进展或成功的外部挑战。

3. 专家意见和历史数据分析

依赖专业人士的经验和过去的历史数据是一种可靠的方法，用来识别潜在风险。专业人士可能拥有多年从业经验，对于类似的项目或领域内的挑战有着丰富的了解。他们的见解和洞察力能够帮助团队预见可能出现的问题，并为未来的风险管理提供宝贵的建议。

历史数据分析则通过对类似项目过去发生的风险事件进行深入分析，探索过去项目中遇到的问题、面临的挑战以及应对措施的有效性。这种分析有助于了解某些类型风险的频率、影响程度和可能性，为当前项目中潜在风险的预见提供参考和依据。

4. 检查表法

检查表法是一种结构化的方法，通过预先设计的检查表或清单来识别潜在风险。这种方法将各种可能的风险因素和潜在问题列成清单，涵盖了各个项目阶段可能遇到的方方面面。团队根据这份清单系统性地审查项目，逐一核对以确保每个潜在风险因素都能得到考虑和识别。

这种方法的优势在于它能够提供一种全面性和系统性的审查方式，确保不会忽略项目可能存在的风险因素。此外，检查表法也可以作为一种指导工具，帮助新手或不熟悉该领域的团队成员更加全面地考虑项目中的潜在问题。

5.项目工作分解结构

项目工作分解结构（WBS）是将项目分解为可管理的、可控制的工作包或任务的一种层次结构。虽然其主要设计目的不是为了识别风险，但在风险识别过程中，WBS可以发挥重要作用。

将整个项目按照不同的阶段、任务或工作包进行分解。通过分解项目，可以更细致地审视每个工作包或任务，从而更容易识别潜在的风险因素。在WBS的不同层级中逐级审查，并对每个层级的任务或工作包进行潜在风险的分析。这有助于在项目的不同层次上识别可能的问题或挑战。每个工作包或任务应指定相应的责任人或团队。这有助于确定在特定工作包内可能出现的潜在风险，并明确责任与风险之间的关联。将风险管理纳入WBS中的每个层级。在WBS的每个阶段或任务中，都要考虑风险管理措施，以便在整个项目执行过程中有效地管理和监控风险。

项目工作分解结构不仅能够帮助团队更好地理解项目的结构和层次，还有助于更全面地审视项目的各个方面，识别和管理潜在风险。通过将风险管理融入项目的层级结构中，团队可以更有针对性地应对风险，从而提高项目的成功实施率。

（三）确定潜在风险的类型

在确定潜在风险的类型时，我们常见三种主要类型的风险，即技术性风险、管理性风险和外部环境风险。

技术性风险是与技术相关的风险，可能源自技术不成熟、设计缺陷或新技术的应用。在土木工程项目中，这类风险包括新型材料或技术的使用，可能导致工程执行过程中的不确定性或技术难题。例如，若采用尚未得到广泛验证的新型建筑材料，在其耐久性或适应性方面可能存在潜在风险。

管理性风险涉及项目管理、合同管理、人力资源等方面。这类风险可能源自项目规划不足、沟通不畅、资源分配问题或人力资源管理不当等。管理性风险可能导致项目执行进度延误、成本超支、团队合作问题等。例如，如果项目计划不够详细或资源分配不合理，可能导致项目延期或成本增加。

外部环境风险是来自项目外部环境的风险因素，如政策变化、经济波动、自然灾害等。这些因素可能影响土木工程项目的进度、成本和可行性。例如，政策的变化可能导致建筑规范的调整，自然灾害可能影响工地安全，经济波动可能导致成本的不稳定等。

综合考虑这三种类型的风险有助于全面理解土木工程项目所面临的潜在风险。通过识别并区分这些风险类型，项目团队可以有针对性地制定相应的风险管理策略，以最大限度地降低这些潜在风险对项目的影响。

（四）评估和记录识别的风险

在评估和记录识别的风险方面，建立详尽的风险描述、优先级排序和风险记录是关键步骤。

风险描述是对每个识别的潜在风险进行详细描述的过程。包括了对风险名称、特征、可能性、影响程度等方面的分析。通过详细描述风险，团队能够更全面地了解风险的性质和潜在影响，这有助于后续风险管理决策的制定。

优先级排序是根据影响程度和可能性对识别的风险进行排序的过程。这种排序能够帮助团队确定应该优先处理的风险。通常来说，风险的影响程度和可能性越大，其优先级就越高，需要更紧急地采取行动或制定风险应对策略。

风险记录是建立风险清单或数据库，用于记录所有识别的风险信息，以备后续分析和管理。这个记录对于整个项目的风险管理过程至关重要。通过建立清单或数据库，团队可以跟踪每个风险的状态、进展和应对措施，以确保风险管理的持续有效性。

通过这些步骤和方法，项目团队可以全面、系统地识别土木工程项目中的潜在风险，为后续的风险评估和管理奠定基础。

三、工程项目风险分析与评估

（一）风险因素分析的具体要点

工程项目风险分析是识别、评估和量化潜在风险的过程。在进行风险因素分析时，需要考虑多个具体要点，以全面理解和评估项目所面临的潜在风险。

1. 识别潜在风险因素

对项目的各个方面进行审查，确定可能影响项目目标实现的各种因素。这可能涉及技术、管理、外部环境、人力资源、供应链等多个方面。

考虑项目利益相关方的期望和需求，识别可能影响相关方利益实现的风险因素。

2. 风险因素的分类

区分项目内部可控制的因素与外部环境带来的不可控因素。内部因素可能包括管理措施、团队技能等；外部因素则可能包括政策变化、市场波动等。

区分已知风险（已被识别但尚未发生）和未知风险（可能存在但尚未被发现或认知）。

3. 评估风险因素的特征

评估风险事件发生的可能性和概率。考虑事件发生的频率或可能性级别，以确定其发生的可能性大小。

评估风险事件发生后可能带来的影响程度和严重性。这可能涉及成本、进度、质量、声誉等方面。

4. 制定风险优先级

根据可能性和影响程度，对识别的风险因素进行排序，确定应该优先考虑和管理的风险。

针对高优先级的风险，需要特别关注和制定相应的风险管理策略。

通过考虑以上要点，风险因素分析可以帮助项目团队全面理解和评估潜在风险。这有助于确定应该重点关注的风险，并为后续的风险管理和规避提供指导。

（二）评估风险的标准和流程

土木工程项目评估风险的标准和流程是确保对潜在风险全面评估的关键步骤，通常涉及以下步骤和标准。

1. 评估标准

可能性评估：评估风险事件发生的可能性。这可能基于历史数据、专家意见或统计分析，将可能性分为低、中、高等级别。

影响程度评估：评估风险事件发生后可能带来的影响程度。这可能包括对成本、进度、质量、安全性等方面影响的评估。

风险级别划分：将可能性和影响程度结合起来，确定每个风险事件的风险级别。这有助于确定哪些风险需要更紧急地处理和管理。

2. 评估流程

风险识别：审查项目并识别可能存在的风险。这可能通过头脑风暴、SWOT 分析、专家意见等方法来完成。

风险分析：对已识别的风险进行深入分析。这可能包括风险的概率和影响评估，使用敏感性分析、FMEA、事件树分析等方法来评估风险。

风险评估：结合可能性和影响程度评估，对风险进行分类和排序，确定哪些风险是最为紧迫和严重的。

风险应对策略制定：根据风险评估的结果，制定相应的风险应对策略和措施。这可能包括规避、转移、减轻或接受等风险应对策略。

风险监控和更新：建立风险监控机制，定期审查和更新风险评估。项目进行过程中，风险评估应该是一个持续的过程，随着项目的变化进行调整和更新。

3. 标准化工具和方法

ISO 31000：国际标准化组织发布的风险管理标准，提供了通用的风险管理原则和指南。

土木工程经验和知识：基于行业内的实践经验和知识，对土木工程项目特定领域的风险进行评估和管理。

综合利用这些评估标准和流程，项目团队可以全面、系统地识别、评估和管理土木工程项目中的各种潜在风险。这有助于提前预见可能出现的问题，并制定相应的风险管理策略，以确保项目按时、按预算、高质量完成。

四、风险评估的方法

（一）定性风险评估方法

定性风险评估方法是一种以描述和判断的方式对风险进行评估，主要关注风险的性质、特征和影响，而不涉及具体的数量化分析的方法。这种方法适用于初步识别和评估潜在风险，它包括几种常见的方法。

1. 风险矩阵法

将风险事件的可能性和影响程度以矩阵的形式进行组合，从而确定风险的等级或级别。

根据事先定义好的风险等级划分标准，将可能性和影响程度分别划分为多个级别，形成一个矩阵。根据风险事件在矩阵中的位置，确定其所属的风险等级。

根据风险等级，将风险分为高、中、低等级别，有助于对风险进行分类和优先级排序。

2. 故事板法

通过描述风险事件的情景、影响和概率来进行评估。

通过构建不同的故事板或场景，描述可能的风险事件，并对其可能性和影响进行评估和描述。这种方法常用于在团队中建立对风险的共识和理解。

3. 专家访谈和头脑风暴

结合专业团队的知识和经验，收集和整合多个专家的意见和想法，无论是通过集体讨论还是头脑风暴等方式。

鼓励团队成员自由发表意见，提出可能的风险因素，不加批判地收集各种观点和想法。通过专家的讨论和思维碰撞，获取更全面的风险识别和评估。

这些定性风险评估方法并非数量化评估，而是基于描述和判断进行风险分析和评估。它们适用于初期的风险识别和大致评估，有助于团队了解和认识潜在的风险，为后续的定量分析和风险管理提供基础和指导。

（二）定量风险评估方法

定量风险评估方法是一种通过数学或统计方法对风险进行量化分析的方法，能够提供更精确和可量化的风险评估结果。以下是一些常见的定量风险评估方法。

1. 蒙特卡洛模拟

蒙特卡洛模拟是一种基于随机抽样技术的方法，通过数千次模拟风险事件，并在每次模拟中引入不同的可能性和影响值。通过对这些模拟结果进行统计分析，能够获得风险事件发生的概率分布和可能的结果。

2. 敏感性分析

敏感性分析专注于评估不同变量或参数对项目风险的影响程度。通过逐步改变特定变量或参数的值，能够观察到这些变化对整体风险评估的影响。这有助于识别哪些因素对风险产生的影响最为显著，从而更有针对性地进行风险管理和控制。

3. 事件树分析

事件树分析通过图形化展示可能的事件序列和影响路径来定量评估不同事件发生的可能性和影响程度。通过构建树状结构来描述风险事件的发生和可能的影响路径，并对每个节点进行概率评估，能够量化每种可能性的影响。这有助于全面理解风险事件的潜在影响和发生可能性。

4.失效模式和影响分析

系统性地分析各种失效模式及其潜在影响，识别可能的风险和改进点。

对各种可能的失效模式进行识别和评估，分析其潜在影响，并为每种失效模式分配概率和严重性等级。

这些定量风险评估方法利用数学、统计学或模型进行分析，能够为风险评估提供更准确和量化的结果。这些方法对于更精细地理解和量化风险、支持决策制定和风险管理方案的设计非常有帮助。

第二节 风险规避和减轻措施

一、规避风险的策略和方法

（一）确定规避风险的可行性和有效性

规避风险作为风险管理的一项重要策略，其有效性和可行性的评估至关重要。首先，确定规避风险的可行性需要全面了解风险的本质、来源和可能带来的影响。这意味着需要对特定风险进行深入分析和评估，包括风险的概率、影响程度以及可能产生的损失或不良后果。

其次，评估规避风险的有效性需要确定所采取的规避措施是否足够有效地降低风险发生的概率或影响。这可能需要通过定量和定性分析来评估规避措施的实施效果。例如，可以利用历史数据、模拟分析或专业意见来评估风险规避措施对降低风险的潜在影响。

在确定规避风险的可行性和有效性时，还需要考虑一些关键因素。首先是成本效益分析，即评估规避风险所需的成本是否合理，并且是否比潜在的损失或不良影响更为经济合理。此外，考虑规避措施对项目进度、资源和其他相关方面的影响，以及可能引发的其他风险或负面效应也是重要的考虑因素。

（二）规避风险的常用策略

风险规避是一种重要的风险管理策略，其核心在于通过放弃或改变某项活动来避免潜在的不利影响。具体方法包括放弃或终止某项活动，以及改变活动的性质或方向。

放弃或终止某项活动是一种明确的风险规避策略。例如，在土木工程中，如果某项工艺不成熟或存在高风险，可能会选择放弃使用该工艺，以避免潜在的负面影响。举例来说，在初冬时期，为规避混凝土受冻的风险，工程可能会选择放弃使用矿渣水泥而改用更适合冬季施工的硅酸盐水泥。

风险规避涉及三个层次：方向规避、项目规避和方案规避。方向规避是指规避特定的方向或行业，项目规避是在特定项目中避免某些风险，而方案规避则是在特定解决方案或方法中避免风险。

在考虑风险规避策略时，应注意以下几点。

1. 只有对潜在风险有充分的认知和了解，以及对可能的损失频率和幅度有清晰的预期，才能有意义地采取风险规避策略。

2. 若采用其他风险策略的成本和效益预期不理想，可以考虑采取规避策略。这需要综合评估不同策略之间的成本和效益。

3. 并非所有风险都可以通过规避来消除，例如自然灾害类风险可能无法彻底规避。

4. 规避某种风险可能会引发新的风险或问题。因此，风险规避策略在特定范围和特定角度上有效，需要全面考虑可能引发的其他风险。

风险规避应遵循以下原则：

1. 规避非必要的风险

风险规避策略关注于避免那些对项目或组织并非必要的风险。这意味着将注意力集中在那些可能对项目或企业目标实现的重要风险上，而不是不重要或可以接受的风险。

2. 规避超出承受能力的风险

风险规避关注那些可能对企业造成巨大损失或影响其生存的风险。包括那些超出企业风险承受能力范围的风险，可能对企业的财务状况、声誉或市场地位造成严重打击的风险。

3. 规避不可控或难以转移的风险

风险规避也着眼于那些难以控制、转移或分散的风险。这类风险可能会导致无法预测的损失或后果，因此企业倾向于避免这些风险。

4. 优先规避客观风险

当主观风险（由个人主观判断或行为导致的风险）和客观风险（即外部客观条件或事件导致的风险）共存时，风险规避更侧重于避免那些客观存在且可能影响企业的风险。

5. 偏向规避市场风险

在技术风险、生产风险和市场风险并存的情况下，风险规避更倾向于避免那些可能导致市场失衡或无法应对市场需求变化的风险。

综上所述，风险规避的原则在于对那些非必要、超出承受能力、难以控制，以及可能对企业市场地位造成负面影响的风险予以避免或降低。这种策略有助于企业更加有效地管理风险，确保其可持续发展和稳健经营。

（三）规避风险的实施和监督

风险规避的实施和监督是确保风险管理策略有效执行的关键步骤。

1. 策略实施

实施风险规避策略需要明确的计划和措施。首先，制订详细的规避计划，明确规避特定风险的具体措施和时间表。这可能涉及制定标准操作程序、调整项目计划或资源配置，甚至可能改变商业策略或技术选型等。确保计划中包含具体的行动步骤和责任人。

2. 资源和支持

为实施规避策略提供必要的资源和支持至关重要。这可能包括财务支持、技术支持或培训资源,以确保规避措施的顺利实施。同时,也需要领导层和管理团队的积极支持和参与,以便有效地推动这些措施。

3. 监督和评估

对规避策略的实施进行持续监督和评估是关键。定期审查规避计划的执行情况,确保措施按计划落实,并及时调整或修正计划中的不足之处。此外,建立监测指标和关键绩效指标,以便量化评估规避措施的有效性。

4. 反馈机制

持续进行风险识别和评估,及时发现潜在风险,并反馈至规避策略中。建立有效的风险管理沟通渠道,鼓励员工报告风险,并及时响应和处理。

不断进行经验总结和改进,使规避策略更加完善和适应变化。通过分析实施过程中的成功经验和失败教训,及时对规避计划进行修订和优化,以提高其针对性和实施效果。

风险规避的实施和监督需要系统性和持续性的管理措施。适时的监督、灵活的调整和持续的改进,可以确保规避策略的有效性,并有效降低项目或组织面临的风险。

二、减轻风险的措施

风险规避是在工程项目管理中常见的风险处理方式,它基本上意味着避免可能导致风险发生的行为或活动,以减少风险发生的可能性。然而,在某些情况下,采取减轻风险的方式可能更为合适。减轻风险也称为风险缓解,它指在风险发生之前消除可能引发风险的根源,并试图减少风险事件的发生频率,或者在风险事件发生后降低损失的程度。它的核心在于消除造成风险的因素,以及尽量减少风险事件的影响。从时间点来看,风险缓解主要包括两种途径,即风险预防和损失抑制。风险预防指的是在风险事件发生之前采取措施以阻止风险发生,从而降低其概率。而损失抑制则是在风险事件已经发生后,通过采取措施来减少损失的程度,使其影响最小化。风险缓解强调在风险的各个阶段都采取措施,从源头上控制风险,最大限度地保护项目或组织免受潜在风险的影响。

(一)风险预防的方法

1. 工程法

在土木工程中,工程法作为一种风险管理手段,主要通过技术手段处理物质因素,以降低潜在损失。具体措施如下。

(1)预防风险因素的产生

在土木工程设计和施工阶段采取措施,预防可能导致问题的因素。例如,针对可能导致结构不稳定的因素,可以在设计和施工中采用适当的技术和材料,以预防这些问题的发生。类似地,对于可能导致地基沉降的情况,可以采用地基处理技术来预防土地沉降。

(2)减少已存在的风险因素

针对已知的风险因素,采取措施来减少其潜在影响。例如,对于已有的结构脆弱性或地基问题，可以进行修复或增强，减少潜在的工程风险。

（3）改变风险因素的基本性质

技术可以用于改变材料或环境的基本性质，以降低其潜在风险。例如，在材料科学方面，可以开发更耐久或更适合特定工程的材料，以减少工程在特定环境下的风险。

（4）改善风险因素的空间分布

通过重新布局或调整风险因素的空间分布，降低其对工程项目的威胁。例如，在风险评估中，可以对地质条件进行重新评估，并相应调整建筑物的位置或结构，减少可能的自然灾害风险。

（5）加强风险单位的防护能力

采用技术手段来保护工程项目或降低损失，包括使用防护设施或强化结构。例如，在设计桥梁时，可以增加支撑或加强结构，以增强其抗震或抗洪能力，降低风险。

这些措施示范了在土木工程项目中，如何通过工程技术手段处理物质因素，从而最大限度地减少或消除潜在风险的方法。

2. 教育法

在土木工程中，教育法是通过对项目团队成员进行安全教育培训，以消除人为风险因素和不安全行为，从而控制潜在损失的方法。

第一，教授相关的法律法规、标准和规范，使项目成员了解土木工程领域的法律要求，以便遵守并执行相关规定。例如，在工地施工中，对于安全生产法规的教授可以使员工了解必须遵守的安全操作规程，从而降低事故风险。

第二，开展安全技能教育，如正确使用安全设备、正确操作机械设备等。在土木工程中，安全技能教育可以包括正确使用个人防护装备、机械操作的安全流程等内容，以减少由于操作失误导致的风险事件。

第三，教育员工认识和理解风险，使其具备识别和评估潜在风险的能力。培训可以包括识别潜在危险、学习评估风险的方法和工具，以及培养对潜在风险的敏感性。比如，教育员工如何识别在土木工程项目中可能出现的地质风险或结构安全隐患。

3. 程序法

在土木工程项目中，程序法是一种通过制度化的管理方式来控制和处理风险因素的方法。它着眼于建立一系列制度化的程序和规章，以从根本上管理和控制潜在的风险因素。包括以下几个方面：

通过制定和执行具体的安全管理规定，确保项目参与者在工作中严格遵守安全操作规程。这可能涉及工地规范、施工作业指导书、紧急应对预案等文件的制定和实施，以确保所有工作按照安全标准进行。

建立设备定期检修和维护制度，确保设备的安全运行状态。定期的维修保养可以降低因设备故障引发的风险和事故发生的可能性。例如，对于起重设备或机械工具，定期的检修和维护是确保其安全运行的关键。

定期对工地、施工设备、人员操作等进行安全检查和评估。这些检查可以帮助其发现和识别潜在的安全隐患，及时采取措施进行处理，以防止事故发生。例如，定期的现场安全检查能够发现和纠正不安全的施工行为或环境。

程序法强调通过建立规范的工作程序和制度，规范和管理工作过程中的风险因素，从而确保项目的安全和稳定进行。这种方法强调制度的严格执行和持续的监督，以保障项目中的风险管理水平和安全标准。

（二）损失抑制的方法

损失抑制是在风险已经发生或正在发生时，采取一系列的应对措施来限制或减少可能的损失。在土木工程项目中，这种方法的实施旨在尽量减小因风险事件而造成的损失程度。下面是几种常见的损失抑制方法。

1. 分割

将风险单位划分成许多独立的、较小的单位，以减小单个风险单元可能带来的损失幅度。例如，在一个大型建筑项目中，可以将工程按部分划分，以便在某个部分发生问题时，不至于影响整个项目的进行。

2. 储备

预先储备备用的人员、资料或物资等资源，以便在风险发生时迅速取用。例如，在工程项目中，备用的设备或材料储备能够在主要设备或材料出现问题时迅速替代，以保证工程的顺利进行。

3. 制定规章制度

建立相应的规章制度或操作程序，帮助限制或减少损失的发生。例如，在施工现场建立巡逻制度，以便在发现问题时能够及时干预或通知相关人员，避免事态进一步扩大。

这些方法的关键在于在风险已经出现或正在发生时，迅速采取适当的措施来限制损失的扩大，以尽可能减少项目或工程所面临的不利影响。这些措施需要在风险事件发生时立即实施，并且通常需要提前计划和准备。

三、风险转移和保险

风险转移是将某个特定风险或损失的责任从一个主体转移到另一个主体的过程。在项目管理或商业运作中，这种转移通常通过合同、保险或其他金融手段实现。这种方法旨在减轻一个实体可能承担的损失责任，将其转移给另一个实体，从而降低风险对原先的主体所带来的不利影响。

举例来说，企业可以通过购买保险来转移某些风险。如果发生了被保险的事件，责任和赔偿义务将由保险公司承担，而不是企业自己承担。另一个常见的风险转移方式是在合同中规定责任转移条款，将特定责任或风险转移给另一方，如将供应商对材料质量的责任转移到供应商身上。

风险转移并非消除风险，而是将其责任或部分责任分担给其他方。这种方法有助于降低某个实体面临的风险程度，增强其可承受风险的能力。

(一)风险转移的方法和形式

土木工程中的风险转移涉及多种形式和方法,通常是通过合同和保险等方式实现的。以下是一些常见的土木工程风险转移的方法和形式。

1. 保险购买

在土木工程项目中,购买各种类型的保险是最常见的风险转移方式。例如,承包商可能购买施工一般责任保险、工程保险险或特定风险的保险,以覆盖可能发生的损失。这种方式可以将责任或损失的风险转移给保险公司。

2. 合同条款

土木工程项目中的合同通常包含风险转移的条款。这些条款可能规定对特定风险的责任转移,比如将供应商对材料质量的责任转移到供应商身上,或将工程设计方对设计错误的责任转移到设计方身上。

3. 分包协议

承包商可能通过与其他承包商签订分包协议来转移风险。例如,分包商可能承担某些特定的工程风险,减轻总包方的责任。

4. 委托专业机构

有时,土木工程项目中的特定风险会由专业机构或顾问团队承担。例如,雇用专业的地质勘探团队,以减少在地质风险方面的责任。

在土木工程项目中,风险转移是常见的策略之一,能够帮助项目参与者减轻特定风险带来的潜在损失或责任。然而,需要仔细审查合同和保险条款,以确保风险转移的合法性和有效性。

(二)保险在风险管理中的作用和应用

在土木工程项目中,风险管理至关重要,而保险作为其中一个关键的风险管理工具扮演着重要的角色。首先,保险能够为项目提供风险转移的机制。通过购买适当的保险,工程项目的参与者可以将特定风险转移到保险公司身上,从而减少其自身对潜在损失的承担。这种转移能够大大降低工程项目可能面临的财务风险,为项目方提供了一种重要的经济支持。此外,保险也有助于降低不确定性。在不可预测的情况下,如自然灾害或工程故障,保险能够为项目提供经济上的支持,减少不确定因素对项目进展和成本的不利影响。这对于确保项目按计划进行至关重要,尤其是在面临可能导致项目延误或额外成本的不可控因素时。保险还能够提高项目参与者的信心,吸引更多投资。在一个有全面保险覆盖的项目中,投资者和融资方更有信心,因为他们知道项目在面临潜在风险时有保障,这可能有助于项目获得更多资金支持。另外,保险为项目提供了定制化的保障。不同类型的土木工程项目面临的风险各不相同,因此,保险公司可以为特定项目提供定制的保险解决方案,以满足项目的特定需求,覆盖特定的风险类型。综上所述,保险在土木工程项目中扮演着多重角色,包括风险转移、降低不确定性、提供经济支持、增加信心和提供定制保障,为项目的顺利进行提供了重要支持和保障。

第三节　风险监控和应对策略

一、风险监控机制

（一）建立有效的风险监控系统

建立一个有效的风险监控系统对于任何工程项目都至关重要。首先，关键在于明确定义监控指标和标准。包括确定需要监控的风险指标和关键绩效指标，涵盖项目的各个方面，例如成本、进度和质量，并设立明确的标准和阈值，以便及时评估和识别风险水平。其次，系统需要有完善的数据收集和分析机制。收集和整理项目执行过程中的数据，并使用适当的工具进行分析，可以帮助识别潜在的风险点和趋势，为制定应对策略提供有力支持。

同时，明确监控的时间频率，例如每日、每周或每月，根据项目的复杂性和阶段性确定监控的频率，并建立起向利益相关者提供清晰、准确的风险监控报告的机制，以便他们能够及时了解项目的风险状况，并提出必要的建议和反馈。

在识别风险后，根据监控结果制订风险应对计划，包括降低风险、转移风险或接受风险的策略，并及时执行和监督这些措施的实施情况。持续改进也是一个重要环节，随着项目的进行，根据实际情况不断调整风险管理策略和方法，确保系统持续有效。

最后，利益相关者的参与和使用技术支持和工具也是确保风险监控系统有效运作的关键。确保利益相关者积极参与风险监控过程，倾听他们的反馈和意见，同时利用先进的软件和工具来提高监控效率和准确性，为风险监控工作提供有力的支持。综上所述，建立一个完善的风险监控系统需要综合考虑以上各个方面，并不断地进行优化和改进，以确保项目能够应对各种潜在的风险挑战。

（二）实时监测和识别风险变化的迹象

实时监测和识别风险变化的迹象需要一个有机、高效的系统。这个系统需要整合数据、技术和沟通，以确保对项目各个方面的变化有敏锐的感知，并能够及时做出反应。

首先，管理者需要一个敏锐的感知系统，能够即时捕捉项目中各个方面的变化。通过实时数据的收集和分析，可以迅速发现潜在的风险因素，这可能包括成本超支、供应链中断、人力资源问题等方面的变化。其次，建立预警机制至关重要。包括制定和应用各种指标和警示信号，一旦超出了事先设定的阈值，就能够立即触发警报，提示团队和利益相关者可能出现的风险。这种预警系统可以为风险管理团队提供宝贵的时间窗口，使他们能够更加及时地采取必要的行动应对风险。

此外，使用先进的技术和工具也是实时监测的关键。利用自动化系统、实时数据分析软件等工具，可以更快速、准确地识别潜在风险迹象。这些工具有助于整合和分析大量数据，识别出异常或潜在风险的模式，从而提前预知可能的风险。同时，建立一个反馈和沟通机制也是至关重要的。通过团队内部和利益相关者之间的有效沟通，可以快速了解项目的实时状态，及时了解项目各方面的动态变化，从而更好地识别和解决潜在的风险。

二、制订应对风险的计划和策略

（一）风险应对计划

土木工程项目风险应对计划的编制是确保项目顺利进行并最大程度减少风险影响的关键步骤。这个计划包含一系列策略和措施，旨在提高项目目标的实现可能性，并减少潜在的失败威胁。在制订这样的计划时，需要全面考虑风险的严重性、费用效益、时效性以及与工程项目环境的协调性。

第一，该计划需要对已识别的风险进行详细描述。包括对项目进行分解，列出可能的风险来源，并清楚地描述这些风险对项目目标可能造成的影响。这种全面的描述有助于团队全面了解潜在风险，并为后续的风险应对措施提供指导。

第二，确定项目中的风险承担人，并制订相应的风险分担方案和实施行动计划。这意味着清晰地定义责任人员，并规划他们应对特定风险的具体行动。这有助于确保每个风险都有相应的负责人并采取了有效的应对措施。

第三，需要安排风险分析和信息处理的过程。包括制定详细的风险分析方法和流程，确保风险的识别、评估和处理都能够系统、全面地进行。这样的流程安排有助于及时发现潜在风险，从而更好地应对。

第四，针对每个风险，需要选择并制订相应的应对措施和实施行动计划。这意味着针对每项风险明确选择最有效的应对策略，并规划实施这些策略的具体步骤。这种有针对性的措施有助于降低风险发生的概率或降低其影响。需要确定在采取措施后的期望残留风险水平。这意味着在应对风险后，团队期望剩余的风险水平，这有助于评估所采取措施的有效性和实际风险水平。

第五，还需制订风险应对的费用预算和时间计划。包括为风险应对措施预留足够的资源，并确保这些措施在合理的时间内得到执行。

第六，需要制订应对风险的应急计划和退却计划。这意味着考虑到在应对措施失败或风险进一步恶化的情况下，预先制订相应的应急方案和后退计划，以应对可能的不利情况。

总的来说，土木工程项目风险应对计划需要充分考虑多个方面，包括风险描述、责任分担、应对措施、费用预算、应急计划等，以确保项目在面对各种风险时有针对性、全面地应对。

（二）风险应对策略

工程风险应对策略是为了应对工程项目中出现的各种潜在风险而采取的一系列方法

和措施。这些策略旨在降低风险的发生概率或减轻其对项目造成的影响，确保项目顺利进行。以下是一些常见的工程风险应对策略：

1. 风险规避策略

进行全面的技术评估，优化设计方案，减少技术上可能存在的风险点。

建立明确的合同管理制度，明确责任和权利，以减少合同方面的风险。

分散供应商或承包商，避免对单一供应方或承包方过度依赖，降低供应链风险。

2. 风险转移策略

购买适当的保险或担保，将特定风险转移给保险公司或第三方担保机构，减少项目方的风险负担。

将某些工作或风险外包给专业公司或合作伙伴，分担风险责任。

3. 风险减轻策略

强化项目管理和监控机制，确保及时发现和解决潜在问题，降低风险的影响。

探索新技术的应用，采用创新技术来降低工程风险，提高效率和安全性。

4. 风险接受策略

对于某些较小影响或成本高昂的风险，项目团队可能选择接受这些风险而不采取特定的应对措施。

5. 应急计划策略

针对可能发生的突发事件或风险，提前制定详细的应急预案，确保在事件发生时能够迅速、有效地应对。

这些策略并非独立存在，通常会综合运用。一个成功的工程风险应对策略可能会结合多种策略，根据具体风险的性质和影响程度来确定最佳的应对方法。综合考虑各种风险并采取相应措施，有助于降低工程项目面临的风险，确保项目按计划、高效地完成。

三、风险信息共享与沟通

（一）在团队和利益相关者之间共享风险信息

在团队和利益相关者之间共享风险信息是风险管理中至关重要的一环。

首先，营造一个开放、透明的沟通氛围至关重要。团队成员和利益相关者需要感受到他们可以自由地分享和讨论风险信息，而不会受到负面影响或处罚，这有助于收集更全面和准确的风险数据。

其次，确保风险信息的及时性和准确性。利用适当的沟通渠道，如定期会议、报告或专门的沟通平台，及时分享风险信息。这有助于团队成员和利益相关者了解当前的风险情况，并在必要时采取及时的行动。

再次，对于风险信息的共享，需确保信息的清晰明了。这意味着风险信息应当被清晰地表达和传达，包括风险的性质、影响程度、可能的应对措施等。只有清晰地传达风险信息，才能确保团队和利益相关者对风险有一致的理解，进而采取相应的行动。

还需要确保共享的风险信息是相关的和有针对性的。根据不同的受众，选择性地分享相关信息，避免信息过多或过少。对于团队成员，可能需要更详细和技术性的信息，而对于高层管理者或利益相关者，则可能需要更为概括和高层次的信息。

最后，建立反馈机制，鼓励团队成员和利益相关者提供关于风险信息的反馈和意见。这种反馈机制有助于不断改进风险信息的共享和沟通方式，确保信息传递的有效性和实用性，从而更好地应对项目中的各种潜在风险。

（二）建立有效的沟通渠道，传递风险相关信息

建立有效的沟通渠道，传递风险相关信息是确保项目成功管理风险的关键。

选择合适的沟通渠道至关重要。这可能包括定期召开会议、使用专门的项目管理软件或平台、撰写定期报告等。选择适当的渠道能够确保信息能够及时、准确地传递给团队成员和利益相关者。

需要确保信息传递的及时性和全面性。信息传递不仅需要及时，还需要是全面的。这意味着不仅要传达风险的存在，还需要包括风险的性质、影响和可能的解决方案。这样的全面性有助于收件人更好地理解风险情况，并能够做出相应的决策和行动。

对于不同的受众，信息传递的方式可能需要有所调整。高层管理者可能更关心高层次的风险概述和影响，而项目团队则可能需要更详细和具体的信息。因此，需要针对不同的受众制定相应的沟通策略，以确保信息的有效传达和理解。

建立双向沟通是非常重要的。除了向团队和利益相关者传递风险信息外，还需要鼓励他们提供反馈和意见。这种双向沟通有助于收集更多的信息和见解，帮助完善风险管理策略，并确保信息的准确性和有效性。

最后，为了确保沟通渠道的有效性，需要定期评估和调整。随着项目的进展，可能需要对沟通方式进行调整或改进，以适应不断变化的项目需求和团队的反馈。

四、定期对风险管理过程进行回顾和评估

定期对风险管理过程进行回顾和评估是一个持续学习和改进的过程。这种评估有助于发现问题、确定成功措施并不断优化风险管理策略，从而确保项目能够更好地应对各种潜在风险。

首先，回顾评估应当包括对先前识别的风险进行检查。这意味着对已识别的风险进行再次评估，核实其当前状态和潜在影响，确认是否有新的风险出现或现有风险发展成为实际问题。其次，评估风险管理策略和应对措施的有效性是必要的。包括分析已实施的风险应对措施，评估其是否按计划执行，以及其对降低风险的实际效果如何。通过评估这些措施的有效性，可以确定哪些措施是成功的，哪些需要调整或改进。另外，团队需要检讨风险管理过程中的工具和方法。包括评估使用的风险管理工具和技术，确定它们的有效性和适用性。如果发现某些工具或方法不够有效，团队可以探索新的工具或技术来改进风险管理的效率和准确性。更重要的是，这个回顾评估应当是一个学习的过程。

团队需要从过去的经验中汲取教训，了解成功的因素和失败的原因。这意味着不仅要强调问题所在，还要着眼于如何改进，以便在未来更好地应对风险。

最后，确保这种定期回顾和评估成为一个持续的过程。随着项目的不断发展，风险也可能发生变化，因此需要定期回顾和调整风险管理策略和方法。这种持续的改进机制有助于项目的稳步推进，并提高团队对风险管理的敏感性和应对能力。

第四节 风险文化和知识管理

一、建立风险管理文化

风险管理文化指的是一个组织或团队对于风险的认知、态度和行为方式，它影响着整个组织对风险的看法、处理方式和行动举措。一个健康的风险管理文化涵盖了以下几个方面：

意识与认知：成员对风险的认知水平和对风险重要性的了解。包括对潜在风险的识别、评估和理解程度。

价值观与态度：成员对风险的态度和价值观，是否重视风险管理、预防和解决潜在问题。

行为与行动：组织成员对于面临风险时的行为和决策方式。包括如何应对风险、采取哪些措施，以及是否愿意承担风险等方面。

一个良好的风险管理文化是建立在全员参与、重视风险、鼓励开放沟通的基础上的。它不仅关注识别和降低风险，也着眼于机遇的发现和利用。通过良好的风险管理文化，组织能够更有效地预见和应对可能出现的问题，从而降低潜在风险对项目或组织的负面影响。

具体来说，在土木工程项目中，建立风险管理文化可以从以下方面入手：

（一）领导层的角色

领导示范是构建风险文化的基石。领导者需以身作则，成为风险管理的典范。他们的态度、行为和决策应与风险文化的价值观保持一致。通过身体力行展示对风险管理的重视，领导者能够激发员工的信心和动力，促使员工积极参与风险管理。

在沟通与教育方面，领导者应积极向员工传达风险管理的重要性。持续的沟通和教育有助于建立共同理解，明确风险管理的目标和价值。通过定期的会议、培训或沟通平台，领导者能够阐释风险管理的利益，并明确表达组织对其的承诺和重视。

此外，设立激励与奖励机制也是领导层的责任。通过奖励那些在风险管理方面做出卓越贡献的员工，领导层可以明确表达对积极参与风险管理的认可和支持。这种正面激励不仅鼓励了员工的参与度，也强化了组织对风险文化的根基，激发更多员工积极参与风险管理的意愿。

总体而言，领导层在风险文化的塑造中扮演着引领和示范的重要角色。他们的言行举止不仅是员工学习的榜样，更是塑造整个组织风险文化的核心动力，通过领导者的积极参与、有效沟通以及奖励机制的建立，组织可以更好地培育积极的风险文化，提高风险管理的有效性和组织的整体绩效。

（二）价值观的传递

首先，组织需要明确定义风险管理的核心价值观。这可能包括诸如诚实、透明、及时沟通、不断改进等价值观。这些价值观不仅仅是口号，更应贯穿组织的决策、行为和日常工作中。例如，坦诚地面对风险，不隐瞒问题，及时报告和处理风险事件，这体现了诚实和透明的价值观。持续改进意味着从过去的经验中学习，并不断优化风险管理流程。

其次，价值观的传递需要在整个组织中形成一种一致性。不仅领导层，还有全体管理层和团队成员都应该积极参与和传递这些价值观。这种一致性传递需要通过内外部沟通、培训和日常实践来实现。领导者通过言传身教强调这些价值观，同时鼓励员工在工作中实践和体现这些价值观。通过领导者的榜样作用和全员的参与，价值观能够逐渐融入组织的文化之中。

价值观的传递需要从领导层到全员形成统一的共识，确保这些价值观贯穿组织的方方面面。只有当每个成员都能将这些价值观内化为自己的行动准则，并在日常工作中不断践行，组织才能真正建立起积极的风险管理文化。这样的文化将有助于提高风险识别、处理和应对的效率，为组织的可持续发展提供坚实支持。

（三）组织员工的参与

员工参与是塑造积极风险文化中的关键环节，其重要性不可忽视。

第一，鼓励员工积极参与和提供反馈。组织需要提供一个平等和开放的环境，让员工感到他们的观点和反馈对风险管理至关重要。鼓励员工参与风险管理的决策和流程，比如邀请他们参加讨论会议、提出建议或意见反馈。这种参与感让员工觉得自己被尊重和重视，同时也能够为组织提供宝贵的信息资源，促进风险管理流程的完善。

第二，赋予员工足够的责任和权限。员工需要感到他们拥有足够的权力来参与和影响风险管理的活动和决策。这种责任和权限赋予能够激发员工的主动性和责任感，增强他们对组织风险文化的认同感，并鼓励他们更积极地投入到风险管理中。

第三，组织员工持续学习和发展。组织需要提供培训和学习机会，帮助员工不断提升风险管理方面的知识和技能。包括风险识别、评估、应对策略等方面的技能培训。通过不断学习和专业发展，员工能够更好地理解风险管理的重要性，提高参与风险文化建设和实践的能力。

综上所述，员工参与风险文化建设需要一个开放、平等的环境，并赋予员工足够的权力和责任感，同时提供不断学习和发展的机会。这样的参与模式不仅可以增强组织的风险管理能力，更能够激发员工的创造力和团队凝聚力，共同促进组织的可持续发展。

二、风险知识管理

(一)知识共享机制

建立有效的知识共享机制至关重要,有助于项目团队在风险管理方面的信息交流和共享,提高项目执行的质量和效率。

首先,在土木工程项目中,建立一个专门的在线平台或数据库,用于收集和存储各类风险管理相关信息。这个平台可以包括以往项目的案例、风险分析报告、解决方案等内容。这样的平台有助于工程团队在项目执行过程中查阅先前的经验和最佳实践,避免重复犯错,提高工作效率。

其次,培养知识分享的文化是至关重要的。鼓励团队成员定期分享项目经验、风险识别技巧以及解决方案。可以通过定期的团队会议、经验交流讨论会或内部知识分享会等方式,让团队成员分享各自在项目中的见解和教训,以此来推动知识共享。

再次,采用适当的技术工具也是建立知识共享机制的重要组成部分。例如,使用在线协作平台或项目管理软件,使团队成员可以实时共享文档、讨论问题,并跟踪风险管理进展。这些工具能够促进信息的及时传递和团队成员之间的互动。

最后,持续的培训和学习也是建立有效知识共享机制的关键。定期组织风险管理相关的培训课程或工作坊,使团队成员能够不断学习和提高风险管理方面的知识和技能,从而更好地参与知识共享并应对项目中的风险挑战。

(二)经验总结与案例学习

通过案例分析和经验总结可以极大地提升土木工程项目团队在风险识别和应对方面的能力。

首先,团队可以深入研究过去项目中出现的风险事件,分析其原因、识别可能的预警信号和解决方案。这种分析有助于理解风险出现的背景和因素,以及应对措施的有效性,从而为未来项目提供宝贵的经验教训。

其次,通过经验总结可以系统地收集和整理项目中的关键经验。在项目执行过程中,团队成员的经验和见解会不断积累。将这些经验进行归纳、总结,形成案例库或经验文档是非常有益的。这样的文档可以包括风险识别的方法、解决方案的应用、项目中的成功实践等内容。通过对这些经验的汇总,团队可以更好地学习和借鉴他人的经验,加速风险应对的速度和效率。

最后,还可以定期组织案例学习和经验分享会。团队成员可以分享自己在项目中遇到的风险案例,并讨论他们采取的应对策略及结果。这种面对面的分享会促进团队成员之间的交流与合作,加深对风险识别和应对策略的理解和掌握。同时,也可以邀请专业人士或者外部顾问分享他们的案例经验,为团队带来新的视角和启发。

总的来说,通过案例分析和经验总结,土木工程项目团队可以更好地积累宝贵的实战经验,提升对风险的识别和应对能力。这种系统化的学习和总结过程有助于团队更加高效地应对各类风险,并不断提升项目执行的质量和成功率。

三、持续改进和适应性

(一)培训计划和课程设计

设计和实施有针对性的风险管理培训计划是提升土木工程项目团队风险意识和技能的关键步骤。首先,团队可能需要针对特定类型的风险,比如安全风险、财务风险或者工期风险,进行培训。了解团队的现状、弱点和需求,有助于确定培训内容和重点。

根据需求,确定培训内容和形式。培训内容可以包括风险识别技术、风险评估工具的使用、风险管理的最佳实践等。这些内容可以通过课堂培训、工作坊、在线课程等多种形式进行传达。针对不同岗位和职责的员工,可以设计有针对性的培训课程,以确保内容的针对性和实用性。

建立培训计划和时间表。确定培训的时间安排,以便所有员工都能参与其中,而不会影响项目进度。培训计划可以分阶段进行,例如先进行基础知识的培训,再逐步深入风险管理的各个方面。

同时注重培训效果评估和反馈。通过定期评估培训效果,了解培训对员工风险管理能力的提升情况。可以采用测试、问卷调查等方式收集反馈,从而优化培训内容和方法。

最后,持续更新和完善培训计划。风险管理领域不断发展,因此培训计划也需要不断更新以跟上最新的趋势和最佳实践。定期回顾和更新培训内容,确保培训计划的及时性和有效性。

(二)不断改进风险管理流程和方法

首先,需要营造一个持续改进的文化氛围。团队成员应被鼓励提出改进建议,并意识到改进是项目成功的重要因素。这种文化鼓励团队在每个阶段都审视风险管理流程,并提出改善的机会。

其次,定期审查和评估风险管理流程是非常重要的。团队应该定期举行回顾会议,审查先前的风险管理实践,并确定哪些方面可以改进。这种定期的审查有助于识别潜在的问题和瓶颈,并采取相应的行动。

再次,采用持续改进的方法论,比如"PDCA循环",是一种有效的方式。首先,制订计划,确订改进的目标和方法;其次,实施这些改进措施;接着,检查这些改进是否产生了预期的效果;最后,根据检查结果采取行动,对流程和方法进行调整和改进。

除此之外,还可以借助技术和工具来改进风险管理流程。利用先进的项目管理软件、数据分析工具或模拟系统,能够更好地识别和评估风险,提高管理效率。

最后,要鼓励团队成员参与改进流程和方法的讨论和决策。包括各个层面的团队成员,让他们分享自己的看法和经验,这有助于形成更全面、更创新的改进方案。

持续改进风险管理流程和方法需要营造文化氛围、定期审查和评估流程、采用持续改进方法论,借助技术和工具,并鼓励团队成员的参与和贡献。这样的实践有助于项目团队更好地应对风险挑战,提高项目管理的质量和效率。

第八章　土木工程项目合同管理

第一节　土木工程项目的合同体系

一、合同概述

（一）土木工程合同的概念

土木工程合同是一种法律文件，它规定了涉及土木工程项目的各种商业和法律条款，以及工程的实施、完成和交付等方面的责任和义务。土木工程合同涵盖了各种工程项目，包括但不限于建筑物、桥梁、道路、隧道、水利工程等。这些合同通常由业主（或委托方）和承包商（或施工方）签订。

土木工程合同是保障工程实施各方利益的重要法律文书，它确保了工程的顺利进行、质量达标并按时交付。合同内容的具体条款会根据项目的特性、法律法规以及双方当事人的协商而有所不同。

（二）土木工程合同管理的作用

土木工程合同在项目实施中扮演了多重重要角色。首先，它明确了签约双方在项目实施中的权利和义务。合同规定了双方在工程项目中的行为准则、相互的制约作用以及彼此间的相互关系。这包括了工程的范围、质量标准、工期、费用等方面的具体约定，为双方提供了明确的指引和规范，以防止在工程实施中出现的误解或不一致，从而确保了双方在合同约定范围内的责任和权益。其次，合同也是项目实施阶段实行社会监督和监理的依据。它作为双方之间的法律文件，提供了工程实施过程中的监督和评估的准则，允许第三方参与对工程进展、质量和进度的监督，确保了工程实施的透明度和合规性。再者，合同也是工程实施的法律依据，旨在保护双方的权益。它规定了合同双方的权利和义务，并提供了解决合同纠纷的方式，如调解、仲裁和审理合同纠纷等。同时，合同也规定了违约行为的责任和处罚，有助于约束双方遵守合同条款，最大限度地保护双方的合法权益，防范合同风险，确保工程顺利完成。

综上所述，土木工程合同不仅是双方合作的基本框架，明确了双方的权利和义务，也为工程的实施提供了法律依据和规范，保障了合同各方的利益，并为可能出现的争议提供了解决途径。

二、合同体系建立

建立土木工程项目合同体系是确保项目顺利实施、合规完成的重要步骤,其基本步骤和流程可以分为以下几个关键方面。

(一)明确项目目标与需求分析

在土木工程项目中,明确项目目标与需求分析是建立合同体系的关键步骤。这个阶段的全面分析和了解对于确保合同的准确性和全面性至关重要。首先,深入了解业主的期望是至关重要的,这包括他们对项目的具体要求、目标、期望的完成时间,以及对项目成功的定义。在此基础上,需要全面审视项目的规模与范围,这意味着理解项目的整体规划,包括土地使用情况、工程建设的规模、所涉及的技术要求,以及可能涉及的环境或法律限制。

同时,技术要求是关键因素之一。这涉及工程的设计规格、材料要求、工艺标准等方面。对于土木工程项目,可能存在特殊的技术要求,如地质条件、结构设计等,这些都需要在合同体系中得到充分考虑。

除此之外,对项目的预算和时间要求的了解也至关重要。这包括预算的分配、财务约束、支付方式、预期成本等,以及时间要求,包括工程周期、工期限制等。这些因素对于项目的进度、质量和成本有着直接影响,因此在合同体系中必须详细记录和考虑。

这一阶段的全面分析和了解确保了合同体系的建立能够充分覆盖所有相关要素。它为合同的制定和条款确立提供了有力支持,帮助各方明确双方的权利和责任,从而降低合同纠纷和误解的风险,并确保工程能够按时、按预期质量完成。

(二)制定合同管理文件

在建立土木工程项目的合同体系时,制定合同管理文件是确保合同执行高效、透明和有序的重要步骤。首先,合同管理手册是一个核心文件,其中包含了合同管理的基本原则、流程、职责分工以及管理方法。这一手册为项目各方提供了明确的指导,确保了对合同的一致理解和执行。在手册中明确规定合同签订、履行、变更管理和索赔处理等环节的具体流程和程序。这有助于确保所有参与方在合同履行的各个阶段都有清晰的指引,减少误解和不一致性。合同管理手册中还应包含合同管理的基本原则,如诚信守约、平等自愿、互惠互利等。这些原则不仅为合同执行提供了道德准则,还为可能出现的争议提供了法律和道德的基础。此外,明确规定各方在合同履行中的职责和权利,确保合同执行中的责任明确、权责对等。

合同管理程序文件是合同管理手册的补充,详细规定了合同管理中的具体操作步骤、文件格式要求、信息记录方式等。例如,合同签订的程序包括合同起草、审核、审批、签订等步骤;合同履行中的程序可能包括进度管理、质量管理、变更管理等环节。这些程序文件具体指导了各方在合同执行中的操作流程,有助于提高执行效率和合同管理的规范化程度。

(三) 合同文本撰写与审查

合同文本的撰写需要准确地反映出业主与承包商之间的协议和约定。这包括了诸多方面，如工程的具体范围、工作内容、技术标准、工期、质量要求、支付方式、索赔条款等。每一项条款都需要清晰明了地表述双方的权利和义务，以及在特定情况下的应对措施。

在起草合同文本时，需要充分考虑项目的独特性和特殊要求。例如，对于土木工程项目，可能涉及地质条件、建筑结构、材料规格等方面的特殊性，这些都需要在合同文本中进行详细描述和规定，以确保双方在合同履行过程中理解一致。

审查合同文本是确保合同条款严谨合法的关键环节。法务人员和专业人士应对合同条款进行仔细审查，确保其符合当地的法律法规，并且在商业上是合理和公正的。这确保了合同的可执行性和合法性，有助于防止未来的纠纷和争议的出现。

同时，合同文本中的条款需要明确规定变更、索赔和解决争议的程序和机制。这些方面的条款应该清晰明了，有助于双方在出现问题时迅速采取合理的行动并解决争议，保障项目的顺利进行。

(四) 合同签订与培训

签订合同并进行相关培训。签订合同时，双方应当认真审查所有合同条款，并对其内容进行充分理解和认可。同时，项目相关人员需要接受合同管理相关的培训，以确保对合同内容的准确理解和合规操作。

(五) 建立合同执行和监督机制

设立合同执行和监督的机制和流程。这包括了合同履行过程中的监督、评估、验收、变更管理、风险控制、成本控制、质量控制等方面。要确保合同履行符合法律法规和合同约定，保障项目顺利推进。

合同体系的建立直接关系到项目目标的实现。一个健全的合同体系可以确保合同的清晰明了，使得项目各方对责任和义务有清晰的认知，有利于各项工作的顺利进行。同时，通过建立合同体系，能够降低合同履行过程中的风险和纠纷，提高合同执行的透明度和可靠性，进而有助于实现项目的目标，如保质保量按时完成工程，确保各项指标符合预期要求。

三、合同文件体系

在构建合同文件体系时，关键文件和内容的确立至关重要。这一体系包含多种文件类型，每种文件都有其特定的用途和重要性。

(一) 合同管理手册

这是一个重要的指导性文件，明确了合同管理的基本原则、流程、职责和管理方法。它对合同签订、履行、变更管理、索赔处理等方面的具体流程进行了规范，为项目管理提供了指导。

（二）合同模板

合同模板是用于不同项目的标准合同格式。它包含了一般性的合同条款，可以根据具体项目的需求和特点进行调整和修改。合同模板的制定可以提高合同撰写的效率和一致性。

（三）合同文本

合同文本是具体的协议和约定，详细阐述了业主与承包商之间的权利、义务和责任。在合同文本中，包括了项目的范围、工作内容、标准、工期、质量要求、支付方式、索赔条款等具体细则。

（四）合同管理程序文件

这些文件包括了合同管理的具体操作流程和步骤，以及相应的文件管理要求。它们详细描述了合同管理过程中各个环节的操作规范和标准化要求，确保了合同管理的严密性和规范性。

不同类型的合同文件在合同体系中发挥着不同的作用。合同管理手册和合同管理程序文件为合同管理提供了操作指南和规范化要求，确保了管理的严密性和高效性。合同模板作为标准格式，提高了合同文本的一致性和规范性。而合同文本则是具体的协议和约定，是合同执行的依据和指引，对于各方的权益保障至关重要。这些文件相互配合、衔接紧密，共同构成了完整的合同文件体系。它们的制定和运用有助于确保合同的合法性、合理性，提高合同管理的效率和透明度，最终促进了项目的顺利进行和成功实施。

四、合同管理团队及职责

土木工程合同管理团队通常由多个专业人士组成，他们共同负责监督和管理项目合同方面的各个环节。以下是合同管理团队的主要成员及其职责：

（一）合同经理/主管

合同经理是合同管理团队的领导者，负责整个合同管理流程的规划、执行和监督。他们负责协调项目相关各方的合同条款，确保合同的执行符合法律法规，并与承包商进行有效的沟通和协商。

（二）工程师

工程师负责监督施工过程，确保合同中规定的技术规格和质量标准得到满足。他们还可能负责审查设计文件和变更要求，与承包商协商技术细节，并解决工程方面的问题。

（三）项目经理

项目经理负责整个项目的执行和监督，其中合同管理是项目管理的一个重要方面。项目经理需要协调合同管理团队与其他项目团队之间的工作，确保项目进度与合同条款一致，同时处理和解决可能出现的问题。

（四）法律顾问/合规专家

法律顾问或合规专家负责评估合同条款的法律性和合规性。他们需要确保合同内容符合当地法律法规，并在需要时提供法律意见和支持，以降低合同纠纷的风险。

（五）采购/供应链经理

采购或供应链经理负责协调和管理项目所需的材料和设备的采购流程。他们需要确保采购合同符合项目要求，同时控制成本和确保供应链畅通。

（六）财务专员

财务专员负责监督项目资金的流动和支出，确保合同款项按时支付或收到，并跟踪合同费用，以便及时调整预算和报告财务状况。

这些成员共同合作，确保合同的执行符合法律法规、项目需求，并在整个项目周期中保持良好的沟通与协作，以确保项目的成功完成。他们需要处理合同变更、风险管理以及与利益者的有效沟通，以最大限度地减少潜在的问题和纠纷。

第2节 土木工程项目合同管理的内容

一、工程合同的签订

（一）合同签订前的准备

在进行土木工程项目合同签订前，必须进行一系列关键的准备工作和流程，以确保合同签订的顺利进行。这些准备工作包括需求分析、谈判准备和文档准备等关键步骤。

首先，是需求分析阶段。这一阶段涉及对工程项目的需求进行全面审查和分析。此过程中，需要明确项目的范围、目标、时间表和可行性等方面的要求。这还包括对工程技术要求、法律法规、质量标准、预算限制等方面进行详尽分析。需求分析的详细和准确性对于后续合同签订过程至关重要，因为它确立了合同的基础要求和标准。

其次，是谈判准备阶段。在签订工程合同之前，必须充分准备谈判过程。这包括确立谈判团队，明确团队成员的职责和角色。同时，需要准备充分的谈判策略，考虑各种可能的情况和对策。确定目标和底线，制订灵活的谈判计划，并为可能出现的讨价还价做好准备。

最后，是文档准备阶段。在签订工程合同之前，需要准备相关的文档资料，以支持合同的签署。这包括但不限于工程规格书、设计图纸、招标文件、投标书、商业合同草案、法律文件以及任何涉及合同签署的文件。这些文件的准备应确保完整、准确，且符合当地法律法规的要求。

这些步骤的细致准备确保了在签署土木工程项目合同前的充分准备和计划，有助于明确双方的期望和责任，并最大限度地减少潜在的风险和纠纷。

（二）合同条款与约定

土木工程合同中常见的条款和约定涵盖广泛，对于双方的权利义务具有重要的约束和影响。以下是一些常见的合同条款和约定：

工程范围与描述：这一部分涵盖了工程的具体范围、要求、技术规格、设计标准等，确保双方对工程的理解和期望一致。

工期和交付：确定工程的开始和结束时间，以及各阶段的交付要求，明确工程完成的时间表。

价款支付：确定价款支付的方式、时间表、进度和条件。可能包括定期支付、按阶段支付或特定工作完成后的支付条款。

变更和索赔：规定双方在工程进行中发生变更时的程序和条件，以及索赔的流程和规定。

质量与验收：明确工程质量标准、验收标准和程序，确保工程符合约定的质量要求。

保修和保险：确定工程完成后的保修期限和条件，并涉及可能需要的保险种类和范围。

违约与解除：确定违约条件和后果，包括违约责任、赔偿和解除合同的条件。

知识产权和保密条款：确定涉及的知识产权归属，以及对于机密信息的保密责任和义务。

这些条款和约定对于双方的权利和义务具有重要的约束力和影响。合同中的清晰、具体的条款有助于防止纠纷和误解，并为双方在工程中的合作提供了明确的指导。同时，任何合同条款的解释和执行都必须符合当地的法律法规和法律实践。

（三）合同谈判与订立

工程合同的谈判和最终订立是一个复杂的过程，涉及双方就合同条款、条件和细节进行详细协商和达成一致的关键环节。首先，准备阶段至关重要，要求双方在谈判开始前充分了解工程范围、需求和可行性，同时明确谈判团队的职责与角色，并备好相关文件和资料。其次，明确谈判策略至关重要。各方需明确自身谈判目标和底线，确定重点关注的议题，并准备好权衡取舍的策略，以确保谈判顺利进行。有效沟通和协商是谈判过程中的关键环节，需要充分倾听对方观点、表达自身诉求，并在营造相互尊重和理解的氛围下寻求共识。同时，善用谈判技巧也是成功的关键，包括清晰表达、坚定立场但灵活妥协，促进双方达成双赢解决方案。最终，双方达成一致后，正式签署合同，并确保合同条款明确、合理，以确保合同的法律效力和双方的权益。这一连串步骤强调了充分准备、明确目标、有效沟通和协商的重要性，为成功的合同谈判和订立奠定了基础。

二、工程合同的履行

（一）合同履行义务

工程合同的履行义务涵盖了双方在合同执行期间应承担的重要责任和义务，确保工程按照约定的内容、质量标准和时间表得以顺利完成。首先，履行期限的遵守至关重要。双方必须按照合同中约定的时间节点完成工程的各项阶段或整体工程，确保在规定的时间内达成交付目标。这包括明确的工程进度安排和完成期限，遵守这些期限是确保工程按时完成的关键因素。

其次，质量要求是合同履行中的核心之一。双方有责任确保工程质量符合合同约定的标准和技术要求。这涉及材料选择、工程施工过程中的符合相关标准的操作、质量控制措施的实施等方面。工程质量的保证对于最终交付的工程成果的合格性至关重要。

最后，交付标准的遵守也是合同履行的重中之重。工程交付应按照合同约定的标准和要求，包括技术文件的准备、工程验收的要求等。双方需共同确保工程交付符合合同规定的标准，这既包括工程成果的技术符合性，也包括文件和资料的准备完备性。

因此，在工程合同履行过程中，双方有责任确保履行期限的遵守、质量要求的满足以及交付标准的符合。这些方面的遵守是保障工程顺利完成、双方权益得以实现的关键所在。

（二）履行过程监督与管理

工程合同履行过程中的监督和管理是确保合同有效履行和双方利益得以实现的重要手段。

首先，监督和管理涉及对合同履行过程的实时监控和有效管理。这包括对工程进度、质量和成本等方面的持续监督，确保合同约定的要求得以满足。

其次，有效的监督和管理需要建立健全的管理体系和监督机制。这意味着明确责任分工，设立专门的管理团队或人员负责合同的实施监督，确保合同条款得到全面贯彻执行。同时，还需要建立监督机制，包括定期检查、评估和报告工作进展，及时发现问题并采取有效措施予以解决。

此外，监督和管理手段也包括合同履行过程中的沟通和协调。双方需保持密切的沟通，及时沟通并解决可能出现的问题和分歧，以保持合同履行进程的顺利进行。在合同履行的不同阶段，定期举行工程进展会议或评估会议也是重要的管理手段，可促进信息共享、问题解决和进展评估。

总体而言，监督和管理在工程合同履行过程中起到了关键的作用。它们确保了合同履行的顺利进行，有助于及时发现并解决问题，最终确保工程按时、按质完成，保障了合同双方的权益和利益。

（三）合同变更和执行调整

在合同履行过程中，由于各种原因，可能会出现需要对合同内容进行变更或调整的情况。这些变更和调整可能涉及工程范围、工期、成本、技术要求等方面的改变。变更管理和执行调整成为关键步骤，以确保合同的合法性和有效性。

首先，变更管理涉及确定变更的必要性和合理性。双方需明确变更的原因和目的，对于需要调整的内容进行详细分析和评估，确保变更的合理性和合法性。此后，便需要进行变更的协商和谈判。双方需要就变更内容达成共识，并重新商定变更后的合同条款和条件，包括工程范围、成本、时间等方面的调整。

执行调整需要遵循一定的程序和要点。首先是书面通知的要求，任何合同变更或执行调整都应以书面形式通知对方，明确变更的内容和理由。然后是双方的协商和谈判，就变更内容展开充分的沟通和协商，确保变更的合理性和双方利益的平衡。最后，需要对变更后的合同进行修改和签署，确保新的合同条款得到双方认可并签字确认，以确保变更的合法性和有效性。

合同变更和执行调整是合同履行过程中不可避免的一部分。有效的变更管理和执行调整程序能够确保合同履行的顺利进行，并在出现变更时保障双方的权益和合同的有效性。

三、工程合同风险管理

（一）合同风险识别与评估

工程合同中存在着多种潜在风险和问题，这些风险可能影响到合同履行的顺利进行。首先，工程设计和施工可能面临技术风险，包括设计方案的合理性、施工技术的可行性以及可能出现的工程难题。其次，合同履行期间的变更风险也是一个重要问题，例如工程范围的变更、工期的调整等都可能对工程进度和成本造成影响。另外，供应链风险也是一个需要关注的问题，涉及材料供应的延迟或质量问题可能对工程进度和质量造成不利影响。还有合同条款的解释和执行风险，即合同条款的模糊不清可能导致双方对义务和责任的不同理解，从而引发合同纠纷。

针对这些潜在风险，进行风险评估至关重要。风险评估需要系统地识别和分析可能存在的风险，并评估其可能对工程履行造成的影响程度和发生概率。这有助于确定重要的风险来源，从而采取相应的风险控制措施。风险评估可以及时采取预防措施和制定对策，降低风险发生的概率和影响程度，从而确保合同履行的顺利进行。

（二）风险规避与控制策略

规避合同风险和制定控制策略是确保工程合同顺利履行的关键步骤。首先，为规避风险，重要的是在合同签订之初就尽可能地明确条款和条件，确保合同条款的清晰、明确，以减少解释上的歧义和风险。此外，做好风险评估，识别并记录可能出现的风险和潜在问题，有助于提前制定应对方案。

建立有效的控制策略也至关重要。这包括建立合理的变更管理机制，确保变更能够合法、及时地进行并在双方共识下实施。同时，加强合同执行的监督和管理，确保合同各方按照约定履行义务，并及时发现和解决潜在问题。另外，建立有效的沟通机制，促进合同双方的及时沟通和信息共享，有助于避免和解决合同履行中的分歧和争议。

在控制策略制定方面，预防措施是重中之重。这包括了解并遵守相关法律法规、对合同条款进行深入理解、建立完善的项目管理机制和工程监督机制等。此外，应对风险制定应急预案,当风险发生时能够迅速、有效地应对,减少风险对工程进度和质量的影响。

规避合同风险和制定控制策略需要综合考虑各种可能性,并建立完善的管理机制和应对策略,以确保在合同履行过程中能够及时应对和化解风险带来的影响,保障合同双方的合法权益。

四、工程合同索赔

(一)索赔条款解读

工程合同中的索赔条款通常涵盖了当工程发生特定情况时,合同双方可以提出索赔的条件和程序。这些条款通常涵盖了索赔的基本条件、提出索赔的期限、索赔的具体程序以及索赔材料的要求等方面。

首先,索赔的基本条件是关键。合同通常明确了索赔的情形,例如工程变更、违约、延误、合同解释争议等情形下可以提出索赔。

其次,索赔的提出期限也是重要的内容,合同通常规定了索赔应在发生事实之后的一定时间内提出,确保索赔能够及时有效地得到处理。

再次,索赔的程序也是索赔条款中关键的一部分,合同会详细描述索赔的提出、受理、审批和解决程序,确保索赔能够按照规定的流程进行处理。

最后,索赔材料和证据的要求也是索赔条款中的重点,合同通常要求提出索赔时必须提交相关的证据和材料,以支持索赔的合法性和合理性。

因此,合同双方应当在签订合同时对索赔条款进行充分理解和认知,并按照合同规定的条件和程序进行索赔,以确保索赔的合法性和有效性。

(二)索赔管理与处理

工程合同索赔的管理流程和处理方法是确保索赔得以合理、有效处理的关键步骤。首先,索赔管理需要建立明确的流程,包括索赔申报、审查和处理的具体步骤。这一流程需要在合同签订之初明确规定,并在索赔发生时按照约定的程序进行。

索赔管理流程通常包括索赔申报阶段,索赔申报后应有专门的人员负责进行索赔材料的收集和整理。接下来是索赔审查阶段,对索赔的合法性、合理性和真实性进行审查和评估。在这个阶段,需要仔细核对索赔所提供的证据和相关文件,评估索赔的合理性和影响程度。最后是索赔协商和处理阶段,索赔双方进行协商,寻求达成一致意见或者通过仲裁等方式解决争议。

索赔审查阶段是索赔管理中至关重要的一环,要求对索赔的文件准备和审查工作尤为重要。文件的准备包括搜集和整理索赔所需的证据、合同文件、相关通信和沟通记录等。审查工作需要对索赔的合理性和合规性进行全面而深入的评估,确保索赔符合合同条款和法律法规的要求。

此外,索赔协商的过程也非常重要。在协商中,双方需要以合作和解决问题为目标,进行充分的沟通和交流,寻求双方都能接受的解决方案。在协商过程中,需要维护良好的合作关系,并尊重合同条款和法律规定,以实现合同履行过程中的公平和公正。

综上所述,索赔管理的流程和处理方法需要合同双方严格遵守合同规定的程序,并重视文件的准备和审查工作,以达成双方都能接受的解决方案。

第三节 施工合同的全过程管理

一、全过程合同管理的理念

全过程合同管理是一种综合性的管理理念,旨在将工程项目中合同管理的各个环节有机地连接起来,形成一个连贯、系统的管理体系。在传统合同管理的基础上,全过程合同管理强调合同管理不仅仅局限于签订合同或执行合同条款,而是将合同全面、全流程地纳入管理范畴。

对施工企业而言,全过程合同管理意味着不再把合同管理视为独立的、分割的环节,而是将其融入整个项目执行的方方面面。这种管理理念的核心在于将合同管理贯穿项目的每一个阶段,包括策划、谈判、签订、执行、变更、索赔、争议等环节,强调全员参与、全员管理的理念。

在施工企业实行全过程合同管理的过程中,需要转变观念,从重视签订合同转向强调合同全面履行。这意味着不再仅仅关注合同签署的表面工作,而是要求各个部门和岗位都理解合同的重要性,并在自己的工作中实际落实合同条款。这种全员管理的理念有助于各个环节之间的协同配合,避免信息不畅通或执行不到位所带来的问题。

全过程合同管理也着重于强化合同管理的系统性。它要求建立一个完善的合同管理体系,确保合同管理工作不再是孤立的片段,而是一个相互关联、相互支持的系统。这需要制定明确的管理流程和规范,建立有效的信息传递和反馈机制,以便及时发现并解决合同管理中的问题和难题。

二、全过程合同管理体系

(一)优化合同管理组织

建立一个高效的合同管理机构是确保任务顺利完成的关键。这需要施工企业根据规模和经营特点设立企业级和项目级两级合同管理组织。这两个级别的机构必须详细规划不同层级和部门的职责,实现权力分散和制衡,确保各个环节都有专人负责。

企业级组织机构包括企业法定代表人、总经济师、总法律顾问、各职能部门以及合同管理部门。而项目级组织机构则由项目部管理人员和公司管理部门配合组成,项目经理负责项目合同管理工作。

无论是企业级还是项目级的组织机构,都需要明确不同负责人的职责,确保管理责任落实到个人。这样的举措有助于专业化、专门化地完成合同管理任务,提高管理水平。

（二）建立科学的全过程合同管理制度

建立科学的全过程合同管理制度是确保管理工作有序进行的重要基础。没有明确的规章制度，管理工作就会缺乏指引，因此，高效运行的合同管理必须建立全面的合同管理制度。这些制度应该被视作每个员工必须遵守的规范，确保合同在形成和履行阶段都按照规定进行，不得违反制度规定。

全过程合同管理制度包括合同起草、评审、谈判、履行（包括交底、索赔、变更、价款结算等）、监督检查、纠纷处理、档案管理、用章管理和管理人员资格等多个方面的规定。这些规定不应孤立理解，而是要与公司其他相关规章制度相结合。比如，在合同谈判、签订和执行过程中，即使合同管理中没有明确规定成本控制，也需要考虑工程成本，确保成本控制意识贯穿合同管理全过程。

全过程合同管理制度的确立不仅需要详细规定各项流程和操作细则，还需要员工普遍理解和严格执行。这样的制度可以提高合同管理的效率，确保合同履行和管理符合规定，降低合同风险，并促进管理工作的科学化和规范化。

（三）建立高效的信息化管理体系

随着科技迅速发展，办公信息化已成为趋势。施工企业合同信息化是建筑业智能化、转型升级的必然趋势。相较于传统合同管理存在的烦琐操作和监管难题，信息化可以使合同管理网络化、规范化、流程化、标准化，实现动态监管，节省时间，提高管理质量。

合同管理信息化系统主要分为四类：单独的系统、简单合成系统、集成化系统和并行化处理系统。单独系统实现了无纸化办公，但未实现合同履约跟踪；简单合成系统增加了履约和统计功能，实现动态管理；集成化系统有效衔接相关系统，促进业务协同；并行化处理系统统一多个管理系统，提供一体化工作平台。选择系统需考虑企业规模和管理模式。

信息化管理系统的选择取决于企业的具体需求和现实情况。单独系统适用于简单的合同管理，而集成或并行系统更适合大型企业整合多个管理系统。施工企业应根据自身情况选择最适合的信息化管理系统，以提高效率、降低风险，并适应行业的信息化发展趋势。

三、施工合同全过程管理的措施

（一）重视合同评审

合同评审在施工企业中是确保合同签订与履行的关键环节。它指的是各职能部门负责人按照企业合同评审管理制度的要求对待签订的合同进行全面分析和研究，确保合同的签订与执行合理有效。这一步骤对于保障施工企业签订有利合同至关重要。

首先，在中标前的合同评审阶段，有四个关键点需要重点考虑。

1. 发包人资信调查和前期审批手续。这直接影响合同的有效性，施工单位虽可要求建设单位赔偿因合同无效带来的损失，但如果施工单位也有过失，将增加风险。

2. 准确理解招标文件。招标文件是反映发包人签订合同意图和项目基本情况的重要文件。它有助于确认合同效力及结算参照，并需要关注合法性、完整性、权利义务平衡和合同条款的一致性。

3. 承包合同风险评估。需要重点考虑可能出现的风险类型、发生概率、影响以及应对措施，特别是关于工期、质量、价款结算等方面的风险。

4. 审核投标报价合理性。投标报价直接关系工程盈利性和质量可靠性。评审部门应重点关注单价合理性、材料价格计算是否规范以及工程总价是否合理。

而中标后的合同评审则需要着重关注以下两个方面：

第一，确认前期评审内容是否已解决，不利或苛刻的条款是否修改，未解决的问题是否有补救措施。

第二，确保修改后的条款与之前没有矛盾，新确定或修改的条款是否带来新的风险。

这些评审步骤确保了施工企业在签订合同前后都能全面、透彻地审查合同条款，从而降低合同风险，确保施工过程顺利进行。

（二）落实项目合同交底制度

落实项目合同交底制度对于确保项目合同签订与履行的衔接至关重要。目前，许多施工企业的合同签订工作由合同归口管理部门承担，而项目履行则由项目部管理人员负责，这导致了签订合同与实际执行相分离的情况。为解决这一问题，合同交底成为重要环节，旨在让项目管理人员了解合同主要内容，明确各责任人的权利与义务，确保合同责任得以具体落实到工作中。

合同交底的关键在于组织项目管理人员深入学习合同主要内容，并对其进行解释，确保大家对合同内容、管理制度、法律责任等有清晰的了解。在工程开工前，合同管理人员应向项目经理、技术管理人员、预决算人员等进行合同交底，并记录下交底过程。

重点内容如下。

1. 发包人背景和承接项目情况。详细了解发包人的资信情况，项目承接的动机和目的。

2. 合同谈判中的要点。考虑过的风险和争议焦点，重点及谈判结果，尤其是未解决的问题。

3. 合同的主要内容。包括工程质量、工期、工程价款结算、变更处理、技术、法律问题、责任划分、违约责任等方面。

4. 潜在执行风险。在合同执行中可能存在的潜在风险。

5. 条款模糊和矛盾解释。特别是合同中用语模糊、条款矛盾或歧义的部分。

这样的交底过程能够让项目管理人员全面理解合同内容，明确工作分工和责任，降低合同执行风险。通过清晰的沟通和解释，确保项目团队对合同条款有统一的理解，有助于项目在合同约定范围内高效运作。

（三）加强合同跟踪监测

加强合同跟踪监测在确保合同履行与预期目标一致性方面扮演着关键角色。在合同执行过程中，情况多变，有时与预期目标出现偏离。为此，项目合同管理人员需要定期召开工程合同分析会议,审视合同对工程工期、质量、成本的影响,并了解实际执行情况,分析现状、趋势和结果,找出不一致原因,并采取措施,以减少损失。

要做到这一点,项目合同管理人员需要:

1. 定期召开工程合同分析会议。重点分析合同对工期、质量、成本的实际影响,并与预期目标进行比较,找出不一致的原因,并采取纠正措施。

2. 定期检查合同执行情况。包括确保工程按合同确定的范围施工,进度是否符合计划,业主变更指令对进度、质量、成本的影响,签订的文件是否符合规定,业主和工程师是否履行合同责任,以及施工环境是否发生变化等。

3. 分析合同执行中的偏差原因。了解偏离预期目标的原因,可能涉及计划调整、工程范围变更、人员调整、供应链问题等。只有找出原因,才能采取有针对性的措施来纠正偏差。

4. 采取措施避免损失。一旦发现合同执行中的问题,及时采取措施来纠正,以减少损失,可能涉及重新规划工期、调整资源分配、与业主重新协商变更条款等。

通过这样的合同跟踪监测,项目管理人员可以更好地掌握合同执行情况,及时纠正偏差,确保合同目标的实现,并最大限度地降低潜在风险和损失。

(四)重视项目索赔,积累索赔证据

重视项目索赔并积累索赔证据对于项目的成功实施至关重要。工程索赔可以作为双方风险再分配的手段,有助于提高项目利润和转移项目风险。作为项目索赔的主要实施者,项目部管理人员需要充分认识索赔的重要性,并明确不同岗位在索赔过程中的责任,并加强全员索赔意识。

项目经理应意识到索赔对项目的重要性,明确不同岗位承担索赔责任,并强化全员索赔意识。索赔承办人员应主动寻找索赔机会,及时合理办理索赔,并收集索赔所需的证据,采取灵活的索赔策略,以最大化索赔收益。

证据是索赔成功的关键,直接关系到索赔的成败。施工企业在纠纷案件中往往因证据不足或矛盾而蒙受损失。因此,索赔证据的收集应贯穿项目的全过程。无论是项目前期的审批手续和发包人资质文件,招投标时的相关资料,还是合同履行阶段的施工记录、文件往来、会议纪要、气象资料、照片或影像资料等,都应由项目部合同管理人员收集整理并妥善保存。

这样的积累和保存可以为未来的索赔提供必要的证据和支持,确保项目能够在索赔过程中有更充分的依据和数据来支持索赔的合理性,最大限度地降低可能的损失。

(五)强化合同实施后评价

合同实施后的评价是施工企业合同管理中至关重要的一环。这一评价包括对合同签订和执行阶段的客观分析和总结,旨在全面审视合同管理的优劣势,提炼经验教训,并为未来合同管理的改进制定相应策略。

首先,在合同签订方面的评价,施工企业需要深入分析投标策略的实施情况,评估

其顺利程度并剖析出现的问题。对于技术组织方案和工程报价，需要审视其中可能存在的缺陷，并从中汲取宝贵经验。同时，审视合同签订过程中出现的特殊问题，并总结解决问题的策略和方法，还需对合同谈判策略的运用效果进行全面分析，从中汲取成功经验和改进方向。

其次，对合同执行情况的评价至关重要。分析过程中出现的特殊问题，以及为解决这些问题采取的措施和对合同目标实现的影响。同时，需要评估各方协调情况，关注工期、质量、支付、奖罚执行等方面的细节，以及最终工程的经济效益。在评估中，也需注意是否存在合同纠纷，以及针对纠纷所采取的解决措施和效果。

最后，在合同管理方面的评价，施工企业需要对合同管理的成效和对项目目标完成的影响进行评估。同时，要总结变更索赔管理的经验教训，识别成功经验和改进点，并检查合同管理制度的执行情况，找出执行过程中的挑战和优化点。

通过这样全面的评价，施工企业能够深入了解合同管理中的成功实践和存在的问题，为未来合同管理的优化提供了宝贵的经验和改进方向。

第四节　合同管理相关文件编写实例

一、合同文件编写基本原则和要点

土木工程合同文件的编写是确保项目各方利益得到有效保障的重要一环。以下是编写土木工程合同文件时的基本原则和要点：

（一）明确性与准确性

合同文件应该以简洁明了的语言表达，避免使用模糊、难以理解的词语或术语，确保各方对合同内容的理解一致。避免歧义性词汇和解释模糊的措辞，明确各方责任、权利和义务，防止产生误解或争议。

（二）合规性和合法性

合同文件内容应符合国家法律、法规以及相关标准和规范，确保合同的有效性和执行力。确保合同的条款、条件和规定不违反法律，并保证各方的权益在法律框架内得到保障。

（三）完整性和权威性

合同文件应当全面、详尽地涵盖各项必要内容，包括但不限于工程范围、工期、费用支付、质量标准、变更管理、风险分担等方面的内容。合同文件应具备权威性，确保各方认可并遵守，具有法律约束力，以规范和管理工程过程中的行为。

编写土木工程合同文件时，以上原则和要点有助于确保合同的有效性、公平性和可执行性，为工程各方提供明确的合作框架和保障。同时，建议在编写合同文件过程中寻求法律和专业顾问的建议，以确保合同的合规性和完整性。

二、合同文件的基本结构和内容要素

一个完整的土木工程合同结构可能包括以下部分。

（一）标题和开头语

文件名称：例如，"土木工程设计与施工合同"或"土木工程施工合同"等。

合同编号和日期：便于唯一标识和管理合同文件。

（二）引言和定义

引言：简要介绍合同目的、参与方背景等信息。

定义与解释：明确合同中可能出现的专业术语或关键术语，以减少歧义和误解。

（三）合同主体内容

合同各方信息：甲方和乙方的详细信息，包括名称、地址、联系方式等。

工程范围与内容：详细描述工程的范围、内容、目标，以及技术和质量要求。

履约标准与要求：规定工程执行过程中的标准、程序、方法和质量要求。

履行期限与支付方式：明确工程完成时间表、支付方式和相关费用条款。

违约责任与赔偿：规定各方违约情况下的责任和赔偿条款。

索赔和争议解决：指定索赔程序、条件、解决争议的方式和程序。

（四）附件及补充文件

附件清单：列举与合同相关的附件，如技术规范书、工程图纸、设计文件等。

补充文件说明：解释和列举其他与合同相关的文件，确保完整性和参考性。

（五）结尾部分

签署条款：列出合同参与方的签署日期、地点、方式等信息。

生效与效力：规定合同生效日期和约束力，确认各方承诺的有效性。

（六）其他条款（可选）

保密条款：保护双方商业机密和敏感信息的保密约定。

变更管理：规定变更管理的程序和条件，确保变更合理、透明。

终止和解除：规定合同可能的终止条件和解除程序。

以上基本结构和内容要素有助于确保土木工程合同文件的完整性、清晰性和可执行性。在实际编写合同文件时，根据特定项目需求和法律要求进行调整和完善，以满足各方的实际需求和法律规定。

三、合同管理相关文件的范例示例

（一）施工合同范例

住房和城乡建设部、国家工商行政管理总局制定的《建设工程施工合同（示范文本）》为建设工程中的施工承包活动提供了一个范本，适用于房屋建筑、土木工程、管道线路、设备安装等不同类型的工程。合同当事人可以根据自身参与的具体建设工程情况，结合

《示范文本》的内容来订立合同。他们需要根据法律法规和合同约定，承担相应的法律责任和合同权利义务。

这份示范文本主要由三个部分组成。

合同协议书：包括合同签署的基本信息和日期等；

通用合同条款：适用于大多数建设工程项目的基本条款；

专用合同条款：可以根据具体工程情况制定的特殊条款。

此外，文本还附带有 11 个附件，这些附件可能包括技术规范、工程图纸、设计文件、报价单等相关文件，用于支持合同的内容和约定。虽然这份文本并非强制性使用，但在实际操作中作为一个合同范本，为建设工程的合同订立提供了一个参考框架和依据。

1. 合同协议书格式如图 8-1 所示。

图 8-1 合同协议书格式

合同协议书

发包人（全称）：_____

承包人（全称）：_____

根据《中华人民共和国合同法》《中华人民共和国建筑法》及有关法律规定，遵循平等、自愿、公平和诚实信用的原则，双方就工程施工及有关事项协商一致，共同达成如下协议：

一、工程概况

1. 工程名称：_____

2. 工程地点：_____

3. 工程立项批准文号：_____

4. 资金来源：_____

5. 工程内容：_____

群体工程应附《承包人承揽工程项目一览表》（附件1）。

6. 工程承包范围：_____

二、合同工期

计划开工日期：___年___月___日

计划竣工日期：___年___月___日

工程总日历天数：___天。工期总日历天数与根据前述计划开、竣工日期计算的工期天数不一致的，以工期总日历天数为准。

三、质量标准

工程质量符合_____标准。

四、签约合同价与合同价格形式

1. 签约合同价为

人民币_____（大写）（¥_____元）；

其中：

（1）安全文明施工费：

人民币_____（大写）（¥_____元）；

（2）材料和工程设备暂估价金额：

人民币＿＿＿＿＿＿＿＿＿＿（大写）（¥＿＿＿＿＿＿＿元）；

（3）专业工程暂估价金额：

人民币＿＿＿＿＿＿＿＿＿＿（大写）（¥＿＿＿＿＿＿＿元）；

（4）暂列金额：

人民币＿＿＿＿＿＿＿＿＿＿（大写）（¥＿＿＿＿＿＿＿元）；

2. 合同价格形式：＿＿＿＿＿＿＿＿＿＿＿＿＿

五、项目经理

承包人项目经理：＿＿＿＿＿＿＿＿＿＿＿＿＿

六、合同文件构成

（1）中标通知书（如果有）；

（2）投标函及其附录（如果有）；

（3）专用合同条款及其附件；

（4）通用合同条款；

（5）技术标准和要求；

（6）图纸；

（7）已标价工程量清单或预算书；

（8）其他合同文件。

在合同订立及履行过程中形成的与合同有关的文件均构成合同文件组成部分。

上述各项合同文件包括合同当事人就该项合同文件所做出的补充和修改，属于同一类内容的文件，应以最新签署的为准。专用合同条款及其附件须经合同当事人签字或盖章。

七、承诺

1. 发包人承诺按照法律规定履行项目审批手续、筹集工程建设资金并按照合同约定的期限和方式支付合同价款。

2. 承包人承诺按照法律规定及合同约定组织完成工程施工，确保工程质量和安全，不进行转包及违法分包，并在缺陷责任期及保修期内承担相应的工程维修责任。

3. 发包人和承包人通过招投标形式签订合同的，双方理解并承诺不再就同一工程另行签订与合同实质性内容相背离的协议。

八、词语含义

本协议书中词语含义与第二部分通用合同条款中赋予的含义相同。

九、签订时间

本合同于＿＿＿年＿＿＿月＿＿＿日签订。

十、签订地点

本合同在＿＿＿＿＿＿＿＿＿＿＿＿＿签订。

十一、补充协议

合同未尽事宜，合同当事人另行签订补充协议，补充协议是合同的组成部分。

十二、合同生效

本合同自＿＿＿＿＿＿＿＿＿＿＿＿＿生效。

十三、合同份数

本合同一式____份,均具有同等法律效力,发包人执____份,承包人执____份。

发包人:　　　　　(公章)　　　　　承包人:　　　　　(公章)

法定代表人或委托代理人:　　　　　　　法定代表人或委托代理人:
　　(签字)　　　　　　　　　　　　　　　(签字)
组织机构代码:_____　　　　　　组织机构代码:_____
地址:_____　　　　　　　　　　地址:_____
邮政编码:_____　　　　　　　　邮政编码:_____
法定代表人:_____　　　　　　　法定代表人_____
委托代理人:_____　　　　　　　委托代理人_____
电话:_____　　　　　　　　　　电话:_____
传真:_____　　　　　　　　　　传真:_____
电子邮箱:_____　　　　　　　　电子邮箱:_____
开户银行:_____　　　　　　　　开户银行:_____
账号:_____　　　　　　　　　　账号:_____

2. 通用合同条款

通用合同条款是指在建筑安装工程中普遍适用的条款,不受特定工程行业、地域、规模等特点的限制。这些条款旨在适用于各类建筑安装工程,并为合同当事人提供了一套共同约定的基本规则和规范。在《建设工程施工合同(示范文本)》中,通用合同条款共包括 20 条,具体内容如下。

一般约定:合同基本信息和约定的一般性条款。

发包人:约定发包人的权利和责任。

承包人:约定承包人的权利和责任。

监理人:约定监理人的权利和责任。

工程质量:规定工程质量的标准和要求。

安全文明施工与环境保护:关于工地安全和环境保护的约定。

工期和进度:关于工程完成期限和进度安排的约定。

材料与设备:对工程所需材料和设备的约定。

试验与检验:规定工程试验和检验的程序和标准。

变更:关于合同变更的约定和程序。

价格调整:合同价格调整的条款和依据。

合同价格:约定工程合同总价款。

计量与支付:工程款项计量和支付的相关规定。

验收和工程试车:工程竣工验收和试车的程序和标准。

竣工结算:工程竣工结算的相关约定。

缺陷责任与保修：规定工程缺陷责任和保修期限。

违约：关于合同违约情况下的责任和处理程序。

不可抗力：约定不可抗力事件对合同的影响和处理。

保险：工程中所需保险的约定。

索赔和争议解决：关于索赔和争议解决的相关条款和程序。

这些通用合同条款旨在为不同类型的建筑安装工程提供一个统一的、标准化的合同框架和基本规范，方便合同当事人在具体项目中使用。

3. 专用合同条款

专用合同条款是针对通用合同条款原则性约定的进一步细化、完善、补充、修改或另行约定的条款。它允许合同当事人根据具体建设工程的特点和实际情况，通过协商和谈判对相应的专用合同条款进行修改和补充。

在使用专用合同条款时，需要注意以下事项。

编号一致性：专用合同条款的编号应与相应的通用合同条款的编号一致，以便对应和匹配各个条款的内容。

满足特殊要求：合同当事人可通过对专用合同条款的修改来满足具体建设工程的特殊要求，这样可以避免直接修改通用合同条款，保持了通用条款的一致性和完整性。

横道线部分的处理：专用合同条款中可能有横道线的地方，此处是合同当事人对相应通用合同条款进行个性化、详细化、补充或修改的地方。合同双方可以根据具体情况对这些部分进行进一步的约定。如果不需要修改或补充，则填写"无"或画"/"。

专用合同条款的使用可以使合同更具灵活性和针对性，让合同更好地适应不同工程项目的特殊需求和实际情况，同时保持了通用条款的基本规范性和连贯性。

4. 附件

《建设工程施工合同（示范文本）》提供了 11 个附件，这些附件旨在作为辅助文件，支持合同的内容和约定。

附件 1：承包人承揽工程项目一览表

记录承包人承揽的工程项目概览和基本信息。

附件 2：发包人供应材料设备一览表

记录发包人供应的材料和设备清单。

附件 3：工程质量保修书

包含有关工程质量保修的书面文件。

附件 4：主要建设工程文件目录

记录主要建设工程文件的目录和清单。

附件 5：承包人用于本工程施工的机械设备表

记录承包人用于本工程施工的机械设备清单。

附件 6：承包人主要施工管理人员表

记录承包人主要的施工管理人员名单。

附件 7：分包人主要施工管理人员表

记录分包人主要的施工管理人员名单。

附件 8：履约担保格式

包含有关履约担保的文件格式和内容要求。

附件 9：预付款担保格式

包含有关预付款担保的文件格式和内容要求。

附件 10：支付担保格式

包含有关支付担保的文件格式和内容要求。

附件 11：暂估价一览表

记录暂估价的一览表，可能涉及工程款项的临时估价清单。

（二）工程签证文件范例

工程签证文件是指在进行建筑工程或其他工程项目过程中，为了确认变更、修正、确认工程内容或进度等相关事项，而进行书面记录和确认的文件。它通常是对原始合同或施工图纸等的变更或调整所产生的书面文件。

这些文件通常包含了工程变更的内容、原因、影响、经过何种程序确认等信息。签证文件可以包括但不限于工程变更通知书、签证确认书、工程变更申请书、变更审批表等文件。签证文件的作用在于确保所有工程变更都经过书面确认，明确了解和记录了变更的内容、原因以及后续的执行步骤。

它有助于各方在工程项目进行中的沟通、协调，并提供了工程变更的透明度和合法性，防止因为变更而产生的纠纷或理解不一致的问题。工程签证文件也为后续的工程验收、结算、保修等程序提供了重要的依据（图 8-2）。

图 8-2　工程变更申请单格式

申请人：	申请编号：	合同号：
相关的分项工程和该工程的技术资料说明		
工程号：	图号	施工段号：
变更依据：		
变更说明：		
变更所涉及的标准：		
变更所涉及的资料： 变更影响（包括技术要求、工期、材料、劳动力、成本、机械及对其他工程的影响）：		
变更类型：		
变更优先次序：		

审查意见：	
计划变更实施日期：	
变更申请人：（签字）	
变更批准人：（签字）	
变更实施决策/变更会议	
备注	

（三）索赔报告示例

索赔报告也称索赔文件，在土木工程合同中它是一种重要的书面文件，反映了合同一方对另一方提出索赔的所有要求和主张。在编写索赔文件时，需要确保内容清晰、完整，并涵盖以下主要内容：

1. 索赔题目和事件描述

简明扼要地概括索赔的内容，便于对索赔进行标识和识别。

详细描述引发索赔的具体事件、原因和背景，包括事件发生的时间、地点、相关人员、事件经过等。

2. 理由和主张

清晰列出索赔的理由和根据，说明为何认为对方应该对索赔事件承担责任。

阐述索赔方的要求，可能包括对方的补偿、赔偿、延期、违约责任等具体要求。

3. 结论和要求

总结索赔事件和索赔方的立场，明确表达对方应承担的责任和索赔的期望结果。

详细说明索赔方期望对方采取的补救措施或提出的要求，可能包括赔偿金额、工期延长等。

4. 详细计算书

对因索赔事件导致的损失进行具体的估价和计算，包括直接损失、间接损失等各种类型的损失。

对由索赔事件导致的工程进度延期进行详细的计算和说明，包括延期的天数和影响范围。

5. 附件

包括但不限于合同条款、相关证据、技术文件、图纸、报价单、证明文件等，用于支持索赔的依据和论证。

索赔文件对于解决索赔事件至关重要，良好的索赔文件可作为索赔谈判、调解、仲裁或诉讼的有效依据。因此，编写索赔文件时需慎重对待，确保其内容准确、全面、具有说服力。

索赔报告格式如图 8-3 所示。

图 8-3　索赔报告格式

```
工程名称：                              编号：
索赔事件：                              编号：


致：_____（监理单位）
    由于_____的原因，发生了_____事件，导致我方根据施工合同
条款_____条的规定，要求索赔金额（大写）_____，请
予以批准。
    索赔的详细理由及经过：
    索赔金额的计算：
    附：证明材料
    施工单位（章）：                    施工项目负责人（签名）：
        年    月    日                      年    月    日
```

第九章 土木工程项目安全管理

第一节 安全管理的主要任务

一、安全管理目标与意义

（一）安全管理目标的设定

在土木工程项目中设定安全管理目标具有重要性和必要性，这些目标是确保施工过程安全的关键所在。

设定安全管理目标有助于整个团队形成共识，明确施工中的安全重要性。这使得每个参与者都了解并致力于达成共同的安全目标，确保所有行动都与安全标准一致。明确的安全目标可以作为激励机制，激发员工参与安全管理。这些目标可以成为奖励制度的基础，激励员工遵循最佳安全实践，并主动报告安全问题。安全管理目标的设定有助于提高整个团队对潜在风险和危险的警觉性。明确的目标能够使人们更加警觉，及时发现潜在的安全隐患，从而预防事故的发生。设定明确的安全目标使得安全绩效可量化、可衡量。通过设定具体的指标和目标，可以更好地评估安全绩效，及时发现问题并采取措施加以改进。

安全管理目标提供了指导，使得施工方可以制定符合项目需求的安全措施和策略。这些目标可帮助施工方确定安全控制措施、培训计划、安全审查等，以确保施工过程中安全得到充分考虑。安全目标的达成有助于保障工程质量和进度。减少事故和停工情况可以确保工程按时交付，并减少因事故而导致的额外成本。

（二）安全管理的意义与价值

安全管理在土木工程项目中具有深远的意义和重要的价值，它直接影响着员工、业主以及整个社会。

首先，安全管理是对员工身体健康和生命安全的关怀和保障。通过建立有效的安全管理体系，提供培训和指导，能够降低事故发生的风险，减少员工在施工现场受伤或遭受意外的可能性。这种关注员工安全的态度能够提升员工士气和工作积极性，增强团队合作和工作效率。

其次，安全管理直接关系到项目的成功与否。一个安全运行的工程项目不仅可以减少潜在的法律风险和法律责任，还能保障业主的利益和投资。降低事故和停工发生的概率，确保项目按时交付，降低因延误而带来的额外成本，维护业主的声誉和利益。安全管理不仅仅关乎项目本身，也涉及周边社区和公众利益。一个安全运行的工程项目可以避免对环境和社会造成负面影响，保障公众利益和安全。此外，一个安全的工程项目也有利于社会的可持续发展，为社会提供安全的基础设施和服务。

总之，安全管理不仅仅是对人身安全的保障，更是降低事故损失、提升项目声誉的关键。有效的安全管理可以降低事故发生率，减少因事故而造成的停工时间和生产力损失。这不仅有助于降低成本，还能提升项目的整体声誉和品牌形象。优秀的安全记录和良好的声誉有助于吸引更多优秀的人才和合作伙伴，为项目的长期发展打下坚实基础。

二、安全管理职责与分工

安全管理团队的构建和职责划分确保安全标准得到有效贯彻和执行。以下是安全管理团队构建和职责划分的主要内容。

1. 高层管理者和业主

高层管理者和业主在安全管理中扮演着关键角色。他们需要制定安全政策和目标，确保安全文化的落实和执行，同时提供资源支持以推动安全实践。

2. 安全主管／经理

安全主管或经理负责制订并监督项目的整体安全管理计划。他们领导安全团队，确保所有安全措施得到实施，并协助开展培训和审核工作。

3. 安全专家／顾问

安全专家或顾问提供专业建议，支持安全管理团队。他们负责技术指导、风险评估、安全培训和政策制定，确保安全措施符合最佳实践和法规要求。

4. 安全监督员／协调员

在施工现场，安全监督员或协调员负责实际的安全监督工作。他们检查施工现场是否符合安全标准、指导员工安全操作，并定期报告安全问题。

5. 项目管理团队

项目经理和其他项目管理团队成员需要将安全视为项目管理的一部分。他们负责制定工程进度、资源分配和质量控制，确保安全因素被纳入整体项目计划中。

6. 施工人员和员工

施工人员和员工是实施安全政策和实践的关键执行者。他们需要严格遵守安全规程、佩戴必要的个人防护设备，积极参与安全培训和演练，报告并纠正安全隐患。

在安全管理团队中，每个层级和岗位都承担着不可或缺的责任和角色。高层管理者的领导和支持是推动安全文化的关键；安全专家和监督员的专业知识和实地监督则确保了安全标准的实施。同时，施工人员和员工的积极参与和遵守安全规程是整个安全管理体系的基石。只有各个层级和岗位密切合作，共同努力，才能确保项目的安全管理得到有效实施。

三、安全管理策略和方法

（一）风险评估与管理

风险评估是识别潜在危险和风险的关键步骤。通过系统性的评估，可以辨识出可能对项目造成伤害或损失的因素，无论是来自工作环境、设备、程序还是人员因素。这种识别让团队能够提前了解可能存在的风险，采取预防措施，防患于未然。

其次，风险评估提供了评估和分析风险的框架。对每种潜在风险的可能性和影响程度进行分析有助于确定哪些风险最值得关注。这种分析提供了洞察，让团队能够了解哪些风险可能对项目造成最大的威胁，从而有针对性地制定预防和应对策略。

最重要的是，风险评估有助于确定风险的优先级。通过将风险按照其严重性和潜在影响的大小排序，团队可以有条不紊地处理风险。这种分类和优先级排序让团队能够集中精力和资源应对那些可能对项目影响最大的风险，确保有针对性地实施预防措施和风险控制措施。

（二）安全监测与控制

安全监测与控制是土木工程项目中确保安全的核心环节，需要在项目不同阶段采取多种方法和手段来确保安全风险的有效管理。

在施工前，进行全面的风险评估。包括对潜在风险进行识别和分析，并制定相应的预防措施。使用安全评估、工程设计优化和安全规范的制定来降低潜在风险，确保施工开始时已经考虑到安全因素。

在施工过程中，进行实时监测。包括使用监控摄像头、传感器技术和实时报警系统等工具，对施工现场的实时情况进行监测。定期巡视、安全检查和员工的实时反馈也是重要的手段，以及时发现和纠正潜在危险和违规行为。

在事故发生后，进行事故调查和分析至关重要。这有助于了解事故原因，找出问题所在，并采取措施防止再次发生类似事件。事后反馈还包括定期的安全审查和评估，以持续改进安全管理措施。

四、安全文化建设

（一）安全意识培养

安全意识培养直接关系到员工的个人安全和健康。通过培养良好的安全意识，员工能够更敏锐地感知潜在危险，并在必要时采取正确的安全措施，从而减少工作中的意外伤害和事故发生的可能性。这种意识提升不仅仅是对员工个人的保障，更是对整个项目顺利进行的保障。

安全意识培养有助于降低事故风险。有高度安全意识的员工更容易发现并避免潜在危险，及时采取预防措施以减少意外事件发生的可能性。这不仅保障了员工自身，也保障了施工过程的顺利进行，避免了因事故而带来的生产中断和额外成本。

最重要的是，良好的安全意识培养有助于确保项目的连续性和高效率。员工遵守严格的安全标准和程序，有助于营造安全、稳定的工作环境，确保项目能够按计划顺利进行，避免因安全问题导致的项目延误或中断。

实现有效的安全意识培养需要采取多种方法。其中，全面的培训计划是关键，包括定期的安全培训和意识提升课程，涵盖工作场所的潜在危险、正确使用安全设备、紧急情况下的应对方法等内容。此外，定期举行安全会议和演练，分享安全经验和案例，也是提升员工安全意识的重要方式。

（二）安全激励机制

首先，建立安全激励机制能够激发员工对安全的关注和参与度。通过奖励措施，例如提供奖金、奖品或公开表彰，员工更有动力参与安全培训、提交安全建议或及时举报安全隐患。这种积极参与帮助形成积极的安全文化，使员工认识到公司对安全的重视，并将安全看作是每个人都应关注的重要议题。

其次，安全激励机制有助于提升整体的工作质量和效率。员工在受到激励的情况下更倾向于严格遵守安全规定，关注细节，并正确执行安全操作流程。这不仅降低了意外事故的发生率，也提高了工作的效率和质量，为项目的顺利进行提供了保障。

最后，建立安全激励机制能够促进安全文化的深入融入公司的价值观和行为准则中。领导层的积极倡导和示范，将安全作为企业文化的一部分，可以使员工在工作中更自觉地遵守安全规定，并相互督促。透明的安全数据和反馈机制也能帮助员工了解他们的努力对公司安全状况的实际影响，进而激发更多积极性和参与度。

第二节 安全管理制度与技术措施

一、安全管理制度建立

（一）制定安全管理规章制度

在土木工程项目中，建立内部的安全管理规章制度是确保项目安全运营的重要保障。

首先，规章制度的建立有助于确立统一的安全管理标准和程序。这些规章包括安全操作指南、紧急应对程序、个人防护装备的使用规定等，有助于确保所有员工对安全标准有清晰的了解，并统一行动方向。这种一致性有助于降低因个人行为差异而引起的安全风险，确保每个人在工作中遵循相同的安全标准。

其次，安全管理规章制度的建立提供了一个框架，使得安全管理更加系统化和有序。这些规章制度会囊括各个阶段的安全要求，涵盖施工前、施工中和施工后的各个方面，从而确保在整个项目周期中都能保持安全。这种系统性有助于提前识别和管理潜在的安全风险，减少事故发生的可能性。

最后，规章制度的建立也有助于提高员工的安全意识。规章制度不仅仅是一纸文件，更是在工作实践中被贯彻执行的准则。通过持续的培训和宣传，让员工深入理解和遵守这些规章制度，能够有效加深他们对安全的认识和重视，从而降低了发生事故的风险。

（二）安全管理体系建设

建立安全管理体系是确保土木工程项目安全运营的核心。首先，这一流程需要从明确定义和规划安全管理体系开始。这包括确定管理体系的范围、目标和职责，并制定相关的政策、程序和指南。随后，实施阶段涉及将这些规定和程序落实到实际操作中，包括员工培训、资源配置、设施改进等，以确保安全管理体系的有效运作。

重点在于将安全管理体系与项目管理体系融合。这意味着安全管理不应被视为一个独立的部分，而是应该融入整个项目管理体系中。这种融合确保安全不仅是一个独立的考量因素，也是项目管理决策的一部分。例如，在制订项目计划和目标时，需要考虑安全因素，将安全目标纳入项目整体目标之中。

另一个关键要点是持续改进。建立安全管理体系不是一次性任务，而是一个持续不断的过程。因此，需要建立反馈和改进机制，包括定期的评估和审查，以发现潜在问题和改进空间。这种循环过程有助于不断提升安全管理体系的有效性和适应性，确保其与项目发展的需要保持一致。

（三）安全培训与教育

安全培训和教育在土木工程项目中是确保安全的重要举措。

首先，内容方面，安全培训应涵盖多方面的内容，包括但不限于安全操作规程、应急处理程序、个人防护装备的正确使用、危险识别与预防、安全意识培养等。这些内容需根据不同岗位的工作特点和潜在风险量身定制，确保全员了解并掌握相应的安全知识和技能。

其次，在安全培训方式上，多样化和互动性是关键。可以采用多种教学手段，如课堂培训、案例分析、现场演练、模拟演习等。互动性培训能够激发员工参与度，提高学习效果。此外，定期举行安全会议和分享会，以经验交流和案例分享的形式提高员工对安全问题的认知和警惕性。

最重要的是，持续的安全培训和教育是确保员工安全意识和技能不断提升的关键。不仅要针对新员工进行全面的安全培训，还应定期进行安全知识的更新和再培训。通过定期的安全教育活动和知识普及，持续强化员工对安全的认知和重视，让安全意识贯穿工作的始终，成为他们的自觉行为。

总的来说，安全培训和教育内容应全面涵盖安全规程、操作程序等方面，方式多样化并注重互动性，同时持续进行以提升员工的安全意识和技能水平。通过这种持续性的教育，能够确保员工在施工过程中能够正确应对各类安全风险，减少事故发生的可能性，提高整体的安全水平。

二、安全技术措施

（一）施工工艺与安全控制

在土木工程项目中，采用各种安全技术措施是确保施工安全的关键。其中，封闭作业是常见的措施之一。封闭作业区域可以限制施工区域，减少外部人员进入，从而降低意外伤害的风险。同时，这也有助于防止材料或设备误入非工作区域，减少潜在的危险。另一个重要的安全技术措施是通风换气。在需要处理有害气体或粉尘的作业环境中，通过通风换气系统排出有害气体、保持空气清新，从而减少工人因吸入有害气体而引发的健康问题。这项措施尤其在地下工程、挖掘作业等封闭空间中尤为重要。

此外，还有一系列其他安全技术措施，比如使用安全防护设备（如安全帽、护目镜、手套等）、建立安全警示标识、采用安全工具和设备等。这些措施都有助于减少施工过程中的意外事故和职业伤害。

强调这些安全技术措施在不同施工环节中的应用十分关键。不同的工程环境和工序都可能存在不同的安全风险，因此需要根据实际情况采取相应的安全措施。例如，在高空作业时，需使用安全带和安全网；在使用机械设备时，需确保设备操作规范和定期维护等。这些措施的应用能够有效降低事故风险，保障施工人员的安全，确保项目的顺利进行。

（二）现代安全技术应用

现代科技在土木工程安全管理中发挥着越来越重要的作用，其中智能监测技术是其中之一。智能监测系统可以实时监测施工现场的情况，包括监控摄像头、传感器网络等技术，实现对施工环境、设备运行情况和工人活动的实时监控。这种技术能够及时发现潜在的安全隐患和异常情况，从而及时采取措施，预防事故的发生。

另外，无人机能够迅速、高效地对工地进行巡视，拍摄高清影像，实现对大范围施工区域的快速监测。这种技术不仅可以用于巡视安全隐患，也可用于监测施工进度和资源调度，减少人为巡检的风险，并在必要时提供关键信息来改善安全状况。

这些现代科技手段的应用对提升安全管理效率至关重要。传统的安全管理方法可能存在盲区和延迟，而智能监测技术和无人机巡检等技术能够弥补这些不足，提供更全面、及时的安全信息。这种实时监测和数据收集能够帮助管理人员更快速地做出决策，并有效地应对潜在的安全风险，从而提高安全管理的效率和质量。

三、安全设备和工具

（一）安全防护设备

安全防护设备能够有效保护工人免受潜在的危险和伤害。这些设备包括但不限于：

1. 安全帽

用于保护工人头部，防止坠落物体或其他危险物品对头部造成伤害。适用于各种高空施工和物料运输场景。

2. 护目镜和面罩

用于保护眼睛和面部，防止颗粒物、化学品或灰尘对眼睛的刺激和伤害。适用于需要防护眼睛的各种施工环境，如研磨、切割、焊接等。

3. 耳塞和耳罩

用于减少噪声对耳朵造成的损伤，适用于噪声环境下的施工工作，如机械设备运行、高噪声作业等。

4. 安全鞋和防护靴

提供足部保护，防止坠落物体、尖锐物品或化学品对脚部造成伤害。适用于需要保护脚部的施工环境，如建筑工地、危险化学品操作等。

5. 安全手套

用于保护手部免受化学品、尖锐物体或高温等危害。适用于需要手部保护的各种作业，如装配、清洁、化学处理等。

这些安全防护设备根据施工环境和工种的不同有所差异，但它们的共同目标是保护工人免受潜在危险的侵害。强调这些设备在施工中的必要性和有效性是至关重要的，因为它们可以大大减少工人在施工现场受伤的风险，保障工人的安全和健康。正确使用这些安全防护设备有助于降低事故风险，提高工人的工作效率和舒适度。

（二）安全工具的使用

在土木工程施工中，使用安全工具是确保工人安全的重要措施。常见的安全工具包括：

1. 扶梯和脚手架

在高空施工时，使用稳固的扶梯和脚手架是确保工人平稳工作的关键。必须正确安装和固定脚手架，并定期检查以确保其稳固性。

2. 安全绳索和安全带

用于高空作业或悬挂作业，确保工人在高处有可靠的支撑和安全防护。

3. 气体检测仪器

在封闭空间或有害气体较多的工作场所使用，以便及时检测并警示工人有害气体的存在。

4. 工具和设备安全锁定系统

用于锁定机械设备或工具，防止意外启动或操作，避免工人在维修或清洁时受伤。

在使用这些安全工具时，遵循操作规范至关重要。必须对工人进行充分的培训，让他们了解每种工具的正确使用方法，并且遵循操作规程和安全标准。强调正确使用安全工具的重要性，因为这能够大大减少意外事故的发生。

四、安全信息化与管理系统

（一）安全信息化技术

安全信息化技术在土木工程项目的安全管理中发挥着重要作用。这些技术包括但不限于数据记录系统、实时监控系统、人工智能、云计算、物联网等。它们的应用优势体现在以下几个方面。

第一，安全信息化技术使得安全数据的记录更加方便、准确和全面。通过数字化平台，可以及时收集、整理和分析大量的安全数据，包括事故记录、安全检查、隐患排查等，有利于发现潜在的安全风险和问题。

第二，利用监控摄像头、传感器网络等技术实现对施工现场的实时监控，可以快速发现异常情况并进行预警，及时采取措施防止事故发生。

第三，安全信息化技术提供了数据驱动的决策支持，有助于管理者制定更加科学、精准的安全管理策略。通过对数据的分析，可以找出安全管理中存在的弱点和改进空间，并对决策进行优化。

第四，安全信息化系统有助于实现信息共享和透明度，不同层级和部门可以更便捷地共享安全信息，提高了管理的透明度和响应速度。

这些优势体现了安全信息化技术在土木工程项目中的重要性，其应用为安全管理提供了更加智能、高效、准确的手段。

（二）安全管理系统建设

要打造一个完善的安全管理系统，首先需要进行全面的需求分析，以深入了解项目特点和安全管理的实际要求。这一步是确保系统能够充分满足项目需求的关键。明确的功能需求、技术要求和实施计划将为系统的选择和建设提供有力指导。这包括选择适用于项目的软件、硬件以及必要的网络基础设施，并在建设过程中确保系统的稳定性、安全性和可扩展性。

一个完善的安全管理系统应当能够集成多种数据源，包括监控设备、传感器以及安全检查记录，以确保数据的完整性和准确性。此外，它还应支持信息共享和工作流程优化，让不同岗位和部门能够便捷地共享安全信息，通过系统优化安全管理流程。

信息技术在安全管理系统中的应用可能是一个挑战，因此对项目团队进行系统的培训和指导尤为关键。确保团队了解系统操作和应用能够提升系统的实际使用率。同时，系统的推广宣传也是必要的，以提高员工对系统的认知和积极使用程度。

安全管理系统的建设能够全面覆盖安全管理的各个环节，并有助于持续改进和优化安全管理工作。这种系统化的管理方法可以确保安全管理的全面性和持续性，提高项目整体的安全水平。

第三节 安全事故防患与处理

一、土木工程项目安全事故

（一）安全事故的定义与分类

安全事故是指在工程建设、施工或运营过程中突发的意外事件，可能导致人身伤害、财产损失或环境破坏。这些事故通常可以分为不同类型和级别。

首先，安全事故的分类可以涵盖多种类型。意外事件包括工地坍塌、设备故障、火灾爆炸等突发情况。伤害事故则特指导致人员受伤的事件，如坠落、电击、物体打击等。此外，还有环境事故，指对周围环境造成污染或损害的事件，例如泄漏、溢出、污染等。这些类型的安全事故可能因影响和处理方式而有所不同。

其次，安全事故也可按照其严重程度和影响分为不同级别。一般可以分为轻微事故、一般事故和重大事故。轻微事故指轻微伤害或财产损失，一般只对个别人或局部区域造成影响；一般事故通常对多人或更大范围内造成一定的伤害或损失，需要立即采取应对措施；而重大事故则是造成严重伤亡、大规模财产损失或环境破坏的事件，对人员、财产和环境造成重大危害。

（二）土木工程常见事故发生规律

土木工程安全事故的发生规律涉及多个方面，从时间、年龄、环境等角度来看都存在着一些特定的规律性。

1. 时间规律

（1）月份分布：发生事故频率高的时间段为4至6月和年底几个月。这段时间往往是施工高峰期，任务量增加、节气变换和工程进入施工旺季等因素导致工人疲劳、思想不稳定，注意力分散，容易导致事故发生。

（2）日分布：在发工资和发奖金期间事故频率较高。员工可能分心于个人经济收入，思想不稳定，从而影响安全意识和注意力。

（3）时段分布：上午10时和下午2~3时是事故发生频率较高的时间，因为这些时间段是施工人员体力消耗较大、疲劳程度高，注意力不集中的时候。

2. 年龄规律

年龄18至30岁的人发生伤亡事故最多。这个年龄段的工人安全施工知识和经验相对缺乏，对施工现场危险的辨别能力较差，容易发生事故。

3. 环境规律

（1）地点因素：辅助、附属的工程事故频率较高。相对于主体工程，辅助、附属的工程可能因为管理不严格、安全意识不足等导致事故发生。

（2）专业分布：安装、装饰装修作业发生事故最多，特别是电气作业。这些工种通常涉及机械密集度高、作业复杂，交叉施工难度大，容易导致事故。

（3）用工形式：农村来的包工队、农民工安全意识较低，安全知识匮乏，对自身安全保护缺乏认知，因此容易发生事故。

这些规律性特征显示了土木工程安全事故的发生并非偶然，背后有着明显的时间、年龄、环境等方面的趋势。通过深入了解这些规律性，可以有针对性地采取措施，加强相关时段的安全管理、加强特定年龄段的安全教育培训、有针对性地加强特定专业工种的安全监督管理等，从而降低土木工程事故的发生率。

二、事故预防与管理

（一）预防措施与规范

土木工程安全事故的预防与管理是确保工程施工过程中安全的关键。以下是一些预防措施和规范。

1. 合规规范与标准：遵守当地和国家相关的土木工程规范和标准，例如建筑法规、施工安全标准等。这些标准通常包含了建筑结构、材料选择、施工程序等方面的详细指南，有助于降低事故风险。

2. 培训与教育：对所有参与施工的工作人员进行全面的安全培训和教育。这包括熟悉施工现场的潜在危险、正确使用安全装备、紧急情况的应对等内容。不断更新培训以适应新技术和最佳实践。

3. 风险评估与管理：在施工前进行全面的风险评估，识别潜在的危险和安全隐患。随后制订相应的管理计划，包括采取措施减少或消除风险、制定应急预案等。

4. 安全设备与工具：施工方应提供并强制要求使用适当的安全设备和工具，如安全帽、安全鞋、安全绳索等。定期检查和维护这些设备以确保其有效性。

5. 监督与检查：加强现场监督和定期检查，以确保施工过程中符合安全规定。这需要有专门的安全监管人员，定期进行检查和报告，并及时处理问题。

6. 安全文化建设：建立积极的安全文化，鼓励员工主动报告安全问题和提出改进建议。奖励符合安全标准的行为，以激励大家积极参与安全管理。

7. 紧急应对计划：制订完善的紧急应对计划，包括事故报告流程、紧急撤离程序、急救培训等，以应对突发事件并最大程度减少伤害。

8. 技术创新应用：积极采用新技术、工程方法和工具，以提高施工过程中的安全性。例如，使用无人机进行施工现场监测、采用建模和仿真技术预测潜在风险等。

这些措施和规范是土木工程安全事故预防与管理中的基本步骤，但实施起来需要全面严谨的管理和持续的努力。

（二）事故管理流程

事故发生后的管理流程和程序至关重要，它直接关系到事故后果的控制、救援和未来预防措施的改进。一个连贯的事故管理流程包括几个主要步骤。

1. 事故报告与紧急响应

当事故发生时，首要任务是立即启动事故报告机制。这需要迅速通知相关管理人员和应急救援团队。紧急响应包括确保现场安全、执行紧急撤离程序、提供急救和医疗救助，以及隔离危险区域。

2. 事故调查与记录

一旦紧急情况得到控制，立即展开详细的事故调查。这包括收集证据、记录事故发生的具体情况、询问目击者、分析事故原因等。精确的记录对于事故分析和未来预防至关重要。

3. 分析与评估

在收集足够的信息后，进行深入分析和评估事故原因。这可能涉及技术专家、安全人员和管理人员的合作。目的是确定导致事故的根本原因，包括人为因素、技术问题或管理失误等。

4. 制定改进措施

基于事故调查和分析的结果，制定并实施改进措施。这可能包括修订安全流程、提供额外培训、更换设备或工具、加强监管等，以防止类似事故再次发生。

5. 沟通与学习

将事故的调查结果和改进措施通报给所有相关人员。这种沟通有助于相关人员增强安全意识，并确保每个人都了解事故的教训。定期举行会议或培训，分享经验教训，以便从事故中吸取更深刻的教训。

事故管理对于控制事故影响至关重要，因为它不仅关乎人员安全，还影响到项目的进度和成本。快速而有效地应对事故，不仅可以减少伤害和损失，还能提高团队对未来潜在风险的警惕性。透彻的事故调查和改进措施的实施能够帮助提升整体的安全水平，使工程施工更加可靠和稳定。

三、事故调查与分析

（一）事故调查程序

事故调查是发生事故后及时、全面地了解事故原因和推断可能的根本原因的关键步骤。以下是事故调查的基本步骤和程序。

1. 事故现场保护

在进行任何调查之前，确保事故现场得到充分保护，以防止出现进一步的损失或危险。这包括确保安全、保留现场证据、保护关键信息等。

2. 收集证据和信息

开始收集与事故相关的各种证据和信息，包括照片、视频、文件记录、目击者证言、设备状态等。确保信息的完整性和准确性。

3. 目击者询问

对事故现场的目击者进行询问，获取他们对事故发生过程的描述。这有助于理解事故发生的经过和可能的原因。

4. 技术分析

进行技术分析，包括对设备、材料、工程程序等方面的检查和评估。这有助于确定可能的技术故障或缺陷。

5. 检查记录与文件

审查施工记录、安全检查报告、设备维护记录等文件，以了解事故发生前的工作状态和可能存在的问题。

6. 分析与重建

将收集到的信息进行整合和分析，重建事故发生的全貌。这有助于找出事故根本原因，包括技术、人为或管理方面的因素。

7. 编制报告和总结

将调查结果汇总成报告，清晰地描述事故的发生过程、可能的原因、涉及的方面等。报告需要详细、准确，并包括适当的建议和改进措施。

及时、全面地开展事故调查至关重要。快速行动可以确保现场信息的完整性和准确性，防止证据的丢失或变形。全面的调查有助于识别事故的真实原因，而不仅仅是处理表面问题。这样的调查可以为采取有效的改进措施提供基础，以防止类似的事故再次发生，同时也有助于提升整体安全水平。

（二）事故根因分析

事故根因分析是深入了解事故发生背后的核心原因的关键步骤。以下是一些探讨事故发生原因分析方法和技巧的重要方面。

1. 5W1H 分析法

这种方法关注六个关键问题：What(事故是什么)、Who(谁涉及其中)、When(何时发生)、Where(何地发生)、Why(为何发生)、How(如何发生)。这有助于全面了解事故的背景、环境和各种因素。

2. 鱼骨图

也被称为因果图，它将可能导致事故的因素按照不同的类别（例如人员、流程、设备、材料、环境等）进行分类。这种图表有助于系统性地分析和识别潜在的根本原因。

3. 五问法

这种方法一直追问"为什么"直至找到最根本的原因。通过连续追问问题，可以逐步揭示深层次的问题。这种方法有助于挖掘深层次的潜在原因，而不仅仅停留在表面症状。

4. 因果关系分析

这种分析方法考虑各种因素之间的相互作用和影响。它强调一系列因素之间的关联，以找出导致事故的主要原因。这种分析能够帮助识别并理解不同因素之间的复杂关系。

5. 系统安全分析

将事故视为整个系统中的故障，而不是单独的组成部分。这种方法强调系统性的观点，考虑到组织、流程、技术和人员等方方面面，以识别可能存在的缺陷和问题。

深入分析事故的根本原因至关重要。表面上的原因可能只是问题的症状，而真正的根本原因往往更为深层次。只有找到并解决了根本原因，才能有效地防止类似的事故再次发生。通过系统性和全面性的分析方法，可以更好地理解事故发生的真正原因，从而采取有针对性的改进措施和预防措施，提高施工过程的安全性和稳定性。

四、事故应对与应急预案

在任何土木工程项目中，应急预案都是必不可少的。这些计划需要包括对可能出现的各种紧急情况的详细应对措施。从火灾到自然灾害，再到人员受伤等，所有潜在的风险都应该被考虑在内。预案制定需要与相关部门和当地救援机构密切合作，确保在紧急情况下能够快速、有效地应对。

应急预案的核心是快速响应和救援。项目团队需要知道如何迅速启动应急程序，包括警报系统的使用、紧急通讯流程和快速撤离程序。同时，有合格的急救人员和必要的急救设备也是至关重要的，他们能够在事故发生后立即提供必要的医疗援助。

制定应急预案不只是一次性的工作，而是一个持续改进的过程。定期进行演练和模拟紧急情况对于确保团队熟悉程序、设备运作正常至关重要。这些演练可以帮助发现预案中的不足和改进之处，从而进一步完善应急响应能力。

所有参与项目的团队成员都需要接受与应急预案相关的培训。这包括如何应对紧急情况、使用安全设备、认识预警信号等方面的知识。增强团队成员的安全意识可以大大减少事故发生的可能性。

当事故发生后，及时进行灾后评估是至关重要的。这种评估不仅要检查应急响应的有效性，还需要收集数据、分析情况，并提出改进建议。通过对灾后应对的评估，可以及时调整和完善应急预案，以提高未来紧急情况的处理能力。

在土木工程中，事故应对和应急预案的有效性直接影响着施工安全和人员保障。因此，团队必须严格执行预案、进行持续改进，并不断提高应急响应的能力，以确保在任何紧急情况下都能够迅速而有效地做出反应，最大限度地减少损失和风险。

第四节　工程项目安全施工实例

一、工程概况

某地国际机场新航站楼工程是一个现代化的航空交通枢纽，集合了国际航班、国内航班、地铁、高铁、巴士等多种交通方式和服务设施，总规模为20个登机口，地铁、高铁站台各3个，巴士站点10个。工程总造价超过40亿元。地上为航站楼和候机厅，地下为地铁、高铁进站层和站台，总建筑面积达到450000平方米。

该项目的工程时间线：

2015年5月15日：项目开工；

2018年8月30日：新航站楼主体结构封顶；

2019年4月1日：内部设施安装完成，开始联调联试；

2019年8月15日：航站楼正式获得运营许可；

2019年9月1日：航站楼投入试运营，部分航班开始转场；

2019年10月1日：全面启用新航站楼，成为深圳地区主要的航空交通枢纽。

二、项目安全管理的难点

（一）大规模工程的紧迫工期压力

新航站楼面临严格的工期要求，需要在较短时间内完成复杂的工程。这可能增加了工人和管理人员的工作压力，有可能影响到安全管理的全面性和深度。

（二）不同专业领域的协调与合作

在这样的综合工程中，涉及建筑、土木、电气等多个专业领域，各个领域的施工活动可能相互影响，需要良好的协调和合作。而不同领域之间的交叉操作可能带来安全风险，例如电气与结构施工之间的协调，涉及火灾安全等方面的考虑。

（三）紧邻运营场地的施工挑战

新航站楼项目需要在现有机场运营场地附近进行施工，这可能会对现有的航班运营、乘客流动、车辆交通等产生影响。在确保航站楼建设同时不影响机场正常运营的前提下进行施工是一个挑战。

（四）地上地下结构的复杂性

项目涉及地上航站楼和地下地铁、高铁等结构，安全管理需要覆盖这些不同层次的结构，考虑到地下施工所带来的安全风险和挑战。

（五）钢结构工程的复杂性和管理难度

航站楼工程涉及大跨度、变截面、多杆件的钢结构工程，需要严格的质量控制和安全管理，涉及高空作业、吊装等环节，管理难度较大，需要确保工人操作技能和施工安全措施到位。

三、项目安全管理目标

（一）零事故、零伤亡的目标

杜绝各类事故，包括死亡事故、一般及以上安全事故、重大火灾爆炸事故，群体性伤残事故、重大机械设备事故和一般安全事故。

（二）顺利通过安全检查和执法检查

确保项目可以顺利通过政府、行业主管部门和上级有关部门组织的安全检查。避免媒体曝光和企业不良行为公示，确保生产安全不导致负面报道和企业信用扣分。

（三）实现安全管理年

这一目标意味着全年的安全管理要达到一定水平，是对全年安全工作的总体要求和目标。

这些安全管理目标非常全面和严格，涵盖了从严重事故到一般安全事故，以及安全检查和执法的多个层面。要实现这些目标，需要严格的管理制度、全员参与的安全意识和规范操作，并且需要定期地监督和检查以确保目标的达成。

四、项目施工安全管理措施

（一）确立完善的项目安全管理组织体系

首先，项目部成立了安全联合工作小组，由项目经理领导，副组长包括项目副经理、技术负责人和公司相关部门负责人，组员包括项目部各部门负责人以及各架子队队长。这种组织结构确保了安全管理的全面性和多方位的参与，有助于整合各方资源，加强安全管理的协同作用。在安全联合工作小组领导下，设立了办公室，办公室设在安质部，负责安全工作的规划、组织实施、信息反馈和资料汇总工作。此外，办公室还负责检查和督促各专业单位开展工作，确保各项安全管理措施的有效执行。同时，各架子队、专业分包单位和班组也建立了相应的工作小组，由主要领导负责，以建立和健全班组内部的安全管理体系。全联合工作小组采取定期检查、专项检查和动态巡查相结合的方式进行工作，注重检查与整改相结合，强调实效，以确保安全管理体系的持续有效性和改进。整个安全管理组织体系层级分明、职责清晰，有利于全面把控工程安全管理，提高工程安全性。

（二）强调理念先导和责任管理，致力于营造积极向上的工作氛围

在安全管理方面，该项目注重树立"事事有标准、人人讲标准、处处达标准"的工作理念。通过将"管理制度、人员配备、现场管理和过程控制"标准化作为核心抓手，全面打造标准化工地。秉持这一理念，项目全面、综合理解标准化体系要求，将各方意见融会为一，规划编制项目工程建设标准化管理手册，并下发到各部门和架子队，以确保标准的共识和执行。

为了更加明确安全责任、确保双方责任和奖惩办法，项目部与各架子队签订了安全生产责任状，并与相关单位签订安全协议书。这些文件明确了安全目标、保障措施和双方责任，通过签署履约来保障安全，将责任落实到具体人员。

在安全工作中，对"安全责任大如天"理念有着深刻理解，并在实践中强化了安全工作的责任感和紧迫感。以"捍卫质量，保卫安全"为主旋律，切实贯彻"零风险施工"的理念，严格执行"危险不施工，施工不危险"的原则，以确保安全工作始终处于控制

之下。

（三）注重安全教育、加强培训，坚持持证上岗

项目致力于全员铁路标准化管理体系知识普及，邀请行业专家及领导进行深入讲解，确保员工了解铁路标准化管理规范，将"安全源于标准化管理"的理念深入人心。此外，项目通过多种形式的安全意识教育，如岗前安全教育交底、宣传图片展示、安全事故案例光盘播放等，提升民工自我保护意识，培养全员安全管理意识，动态掌控安全隐患。

另外，项目建立了民工学校，墙壁上张贴章程、教学管理制度等内容，作为教育平台，用于开展民工维权、安全生产教育、安全技术交底等活动。通过"民工学校"，项目部举办多项活动，如安全知识竞赛、交底和安全总结，以文字和图片记录活动成果，促进员工安全管理知识的掌握和运用。

针对安全管理人员配备，项目严格按标准配置专职安全员，均具有相关从业资格。特种人员必须持证上岗，持证率达到100%。项目还组织了全员临近既有线施工安全培训、桩机工持证上岗培训等专题培训，这些举措旨在通过培训和教育，增强员工的安全意识和专业技能，确保安全管理水平持续提升。

（四）注重卡控到人、包保到位，坚持全过程控制

项目坚定贯彻"安全卡死制度"，建立了安全生产领导包保和专业人员全程监控相结合的机制。依据安全"五负责"管理体系，通过领导逐级分工负责、总体负责、专业负责、包保负责等制度，将工点安全包保分解实施，确保安全消防包保全面覆盖。项目实施分区包保制度，确保"有人管、管得到、管得全"。

为了实现责任的公开和安全隐患的及时处理，项目设立现场曝光台，公示发生事故的责任人，并对安全隐患采取"小题大做、眼睛向内、放大处理"的措施，激励员工自我安全意识。针对违章作业，采用教育为主、处罚为辅的人性化管理模式；对于屡教不改者，实行经济处罚甚至解除劳务合同。

项目对主要危险源和危险点进行阶段性排摸和公示，重点关注临近营业线施工、钢结构吊装、深基坑施工、大型机械操作、施工用电、高支模架搭设、消防安全和灾害性天气安全生产等领域。坚持"三个严禁"原则，即严禁无方案施工、严禁无计划施工、严禁把关人员不到岗施工。此外，项目严格执行国家和住建部相关规定，强化对重点部位和关键环节的控制，认真落实项目负责人领导带班制度，做好带班记录，以备存档查阅。这些举措突出了全过程控制和严格的包保措施，旨在确保安全管理覆盖全面、责任明确，从而实现安全生产的全面保障。

项目坚持"定人、定时、定岗、定责、定点"的安全管理原则，并建立了统一的部署、记录和分析机制。实施首查负责制和检查制度，确立了项目部安全日检、周检、月检、季度检查和节假日检查等全面检查制度。同时，要求各架子队进行"自查、互查、督查"，确保安全检查覆盖工程施工的各个环节。针对检查中发现的问题，项目建立了问题库，并严格按照"五定"原则进行整改，由安质部组织复查，确保问题整改率达到100%。对

于反复出现的安全隐患,将追究相关责任人的处罚。

项目组建了安全督导大队,由项目主要负责人领导,对施工现场进行每日不间断巡查,及时纠正违章行为和不符合标准的施工行为。此举将"事后检查验收"转变为"事前督查指导",有效将所有影响安全生产的危险因素保持在受控状态。

实行"安全一票否决制",任何人对存在安全隐患的部位都有权拒绝施工或要求暂停施工,确保安全隐患得到及时处理。

项目部的安全台账资料严格遵循及时、真实、全面的原则,统一归档、装订成册。这些措施旨在加强现场巡查和问题记录,确保安全问题能够及时发现、记录和解决,形成完善的安全资料档案,为安全生产提供必要的数据支持和保障。

(五)强调安全技术支持和分级交底,持续完善安全方案

项目实施了全面的施工组织设计,根据工程推进情况分阶段编制和修订总体施工组织设计,确保其持续优化和完善,具备实际操作指导性。

针对重点、难点工序和危险性较大的分部分项工程,项目单独编制安全专项施工方案,符合住建部《危险性较大的分部分项工程安全管理规定》要求。对于超过一定规模的危险性较大工程,项目组织专家进行论证,以确保方案的科学性和可行性。

针对不同工种,根据专项施工方案的内容,项目编制相关的作业指导书,确保施工过程中每个工种都有具体的操作指引和安全规范。

项目制定了三级交底流程,结合铁道部和公司"三合一"体系文件的规定,实施分层次的交底,确保交底具有针对性和记录性。在交底中重点涵盖施工工艺流程、质量标准、关键工序、关键部位、注意事项、危险源和安全防护要点等内容,并要求每位被交底人亲自签字确认。此外,项目部不定期进行考核,以确保交底内容的质量和实施情况的有效性。

(六)重视消防管理,设施完备,全面严控安全

项目部和所有参建单位高度重视防火安全工作,实施"一把手负责制",确保制度贯彻实施、责任到位。

针对消防安全,制定了施工现场和宿舍消防安全管理规定,强化了动火审批程序、电焊工管理、监护员和巡查员制度,严格落实火情危险源公示、责任人及考核措施等要求。对消防安全管理重点、消防巡查队运作模式和动火令审批流程进行了具体布置。

项目定期对现场消防水源和器材设施进行全面清理,确保设施配置到位。易燃易爆材料的储存和保管必须规范执行,完善领用管理制度,并严格执行相关规定。

项目加强并完善消防管控体系,成立了巡查小组并明确其职责和管理权限,统一制服和应急备品,并对违规行为进行即时处置。

对全体焊工的持证上岗情况进行全面审查,不符合要求的立即清退,而符合要求的将再次接受消防培训和演练,以增强消防意识,提高应对初期火灾的能力。

（七）强调技术创新和科技支持，坚持安全风险管理

项目部通过增加投入，采用新技术和手段来确保安全。建立了工地无线监控平台，完善了现场在线监测系统，实现了全过程、全天候对现场的监控。

针对安全风险管理，项目建立了完善的组织体系，实现安全风险全过程管理、全员参与、系统化管理、全方位覆盖、动态管控和分级闭合管理。以"一图四表"方式进行醒目公示，包括站房工程安全风险示意图、安全风险识别分析登记表、安全风险应对计划责任展开表、安全风险动态过程监控表、安全风险处置结果评定表。主要施工点设置风险公示牌，清晰标明工点的重要危险源、主要风险事件、关键控制措施和现场管理责任人。

项目部开展了重大危险源管理，提前识别可能出现的安全隐患，并对工程风险进行分类管理。按设备设施、岗位作业、人员素质、管理制度、外部环境等方面分类识别工程风险，并分为A、B、C、D四个等级进行管理。对于重大危险源，制定了相应的管理方案和应急预案，并进行运行控制。工地设置了"重大危险源"和"较重大危险源"的公示牌，每日对较重大危险源进行公示。施工现场按楼层、区域和不同施工阶段设置了危险源和环境因素告知牌，以实现动态管理。

（八）注重安全设备设施达标管理，标识醒目，坚持规范设置

1. "三安"规范使用

全员进入工地需佩戴正确的"三安"（安全帽、安全带和安全网）。采用颜色分区管理安全帽，如红色用于外来人员、业主和监理，白色用于项目管理人员，蓝色用于特种作业人员，黄色用于工人。安全员需佩戴袖标，防护员穿反光背心，同时采取可靠的安全保护设施，并定期检修。

2. 脚手架管理规范

编制有针对性的专项施工方案并经审批后实施，施工前进行书面安全技术交底。严格按照方案搭设脚手架，使用绿色密目网全封闭外侧，对危险区域实行双层封闭。脚手架需经验收合格后方可挂牌使用。

3. 承重架设规范

严格按照规范和审定的方案进行搭设，施工前对班组进行安全和技术交底。搭设完成后需经过项目部的检查验收合格才能进行下道工序施工。

4. 临时用电系统管理

按照施工用电专项方案及平面布置图合理设置临时用电系统，电工持证上岗，电线布置采取隐蔽埋地措施，定期检查和动态巡查，并做好记录。

5. 大型机械设备安全管理

严格审核大型机械设备，施工机械专人负责设备的验收、装拆方案、吊装方案、安装监控、质量验收、操作人员持证上岗和过程维保等。设备经验收合格后方可挂牌使用。

第十章 土木工程项目竣工验收管理

第一节 竣工验收管理的目的与重要性

一、竣工验收管理概述

（一）竣工验收的概念

竣工验收是指在土木工程项目完成施工后，依据相关的法规、标准和合同约定，对工程的质量、安全性、合规性等方面进行全面评估和检查的过程。其主要目的是确保工程符合设计要求、技术标准以及合同规定的各项要求，达到预期的质量水平，能够安全可靠地投入使用。竣工验收是工程项目全面完成阶段的最后一道程序，涉及多个方面的评估和检测，以确保工程的合格性和可持续性。

（二）竣工验收客体的特点

竣工验收的交工主体通常是施工单位，他们完成了实际的建设工作并准备将项目交付使用。而验收主体通常是项目法人，即项目的业主或代表机构，负责对工程项目进行最终验收，以确认其符合设计文件、技术标准、合同约定和相关法规的要求。

竣工验收的客体是确切的工程项目对象，它是依据设计文件和施工合同中所规定的具体要求和技术标准而建造完成的土木工程建筑物或设施。这个工程对象需要在竣工验收阶段被全面评估和检查，以确保其符合预期的质量水平、安全要求和其他合同约定的要求。

竣工验收的客体具有以下特点。

第一，竣工验收客体具有针对性，因为它是根据发包人和承包人在施工合同中明确定义的具体项目。承包人必须严格遵守合同要求，确保项目的目标和标准得到满足，这需要强化项目管理，确保项目的实施符合合同规定。

第二，每个承包人的施工项目都是独立的、可变的，并且通常不会重复。因此，无论是单位工程、单项工程还是其他类型的工程，在建成后都需要依据法律规定进行交工手续，对其进行竣工验收。

第三，不同类型的建设工程具有各自的专业特点，例如工业建筑、民用建筑、设备安装、道路桥梁等，其技术规范和质量标准也各不相同。在竣工验收阶段，需要根据不同类型的工程采用相应的技术规范和标准来评估工程的完成情况。

第四，竣工验收是系统性的过程，无论工程规模大小或造价高低，都需要全面、系统地对工程项目进行验收。这意味着验收是一个全面的、综合性的过程，涉及工程的各个方面，而不是仅限于局部或个别要求。这种系统性确保了工程项目在整体上达到预期的质量和标准。

二、土木工程项目验收管理的目的和意义

土木工程项目验收管理是确保项目按照设计要求、技术标准和合同约定完成的过程。其核心目的在于确认工程项目达到预期质量水平，具备安全可靠性，并符合法律法规的要求。竣工验收管理在土木工程项目中扮演着至关重要的角色，其意义体现在多个方面。

首先，竣工验收是保障工程质量和安全的关键步骤。通过验收过程，可以确保土木工程项目的各项工作符合相关的规范和标准，从而降低在施工过程中出现问题或安全隐患的风险。这有助于保护公众利益，维护社会稳定。

其次，竣工验收对工程项目本身的可持续发展至关重要。一旦工程项目通过验收，其质量可靠、功能完备，这将为项目的长期使用和维护奠定基础。良好的竣工验收有助于延长工程设施的使用寿命，降低后期维护和修复成本，为工程的可持续性发展提供保障。

最后，竣工验收对于利益相关者具有重要意义。对于业主而言，通过验收可以确保投资物有所值，项目符合预期要求。对于施工方和设计方而言，合格的竣工验收是对其专业能力和责任的认可和肯定。同时，对于社会大众和环境保护者而言，合格的竣工验收意味着工程不会对周边环境和社区造成不利影响，有助于保护生态环境和公共利益。

因此，土木工程项目中的竣工验收管理不仅关乎工程质量和安全，也涉及社会利益和各利益相关者的权益。它是确保工程项目顺利落成并发挥预期效益的关键步骤，对于确保项目质量、安全、可持续性以及各方利益的平衡与保障至关重要。

三、竣工验收的范围

竣工验收的范围涵盖了所有列入固定资产计划的建设项目或单项工程。这些项目在完成后必须按照批准的设计文件（初步设计、技术设计或扩大初步设计）和施工图纸的要求建成，并具备生产和使用的条件。无论是新建、改建、扩建还是迁建，建设单位都必须及时组织验收，并完成固定资产交付使用的转账手续。竣工验收内容不仅包括对工程实体的验收，还包括对工程档案的验收。

有些建设项目基本符合竣工验收标准，可能仅在零星土建工程或少数非主要设备方面未按设计规定全部完成，但这些不足并不影响项目的正常生产。对于这些情况，也应该办理竣工验收手续。对于未完成的剩余工程，应按设计留足投资，并在规定限期内完成。

在某些情况下，由于种种原因，项目投产初期可能无法立即达到设计能力规定的产量。然而，这并不应成为延迟办理验收和移交固定资产手续的理由。对于这些项目，应

当根据实际情况，尽快完成已完工程和设备的验收，并按照规定逐步完善未达标部分。

另外，对于一些建设项目或单项工程，可能因种种因素无法按原设计规模继续建设。在这种情况下，可以根据实际情况，缩小规模并报请主管部门（公司）批准，对已完工程和设备尽快组织验收。这些要求保证了建成工程的及时验收，以确保符合规定标准并尽快投入正常使用。

四、土木工程项目竣工验收的条件

（一）可报请竣工验收的条件

符合设计要求，例如生产、科研类建设项目，土建、给水排水、暖气通风、工艺管线等已完成。

主要工艺设备安装配套，通过联动负荷试车合格，安全生产和环境保护符合要求。

生产性建设项目的职工宿舍和其他生活福利设施能适应投产初期的需要。

非生产性建设的项目，土建工程及附属的给水排水、采暖通风、电气、煤气及电梯已安装完毕，可以提供正常使用条件。

（二）可报请竣工验收的条件下的特殊情况

非主要设备或少量特殊材料问题不能立即解决，但不影响工程的投产使用。

工程未完全按设计要求建成，但对使用影响不大，如电梯到货延迟等。

（三）不能报请竣工验收的情况

生产、科研性建设项目未完成工艺设备安装、地面和主要装修未完成。

生产、科研性建设项目主体工程完成，但附属配套工程未完成，如控制室、操作间等。

非生产性建设项目，室外管线未完成或配套设备未安装完毕。

工程的最后喷浆、表面油漆未完成，或工程周围环境未清扫、有建筑垃圾。

这些条件明确了何时可以报请竣工验收以及何种情况下工程项目不能被报请竣工验收。符合验收条件的项目可向相关部门申请竣工验收手续，以确保工程能够安全、正常地投入使用。

第二节　竣工验收的标准与程序

一、土木工程项目验收标准

（一）验收标准确定依据

土木工程项目验收标准的设定是确保工程质量和合规性的重要环节。标准的确定依据可以涉及以下几个方面：

1.国家法律法规和政策文件：标准的设定通常依据国家相关的法律法规和政策文件。

这些文件可能包括建设工程质量管理相关法律法规、建筑行业标准、环保、安全等方面的法规，以及国家对工程项目验收的具体规定。

2.技术标准和规范：行业内针对土木工程相关领域的技术标准和规范也是制定验收标准的重要依据。例如，对于建筑工程可能有混凝土、钢结构、地基基础等方面的国家标准或行业规范，这些都会被考虑进验收标准中。

3.工程设计文件和合同约定：工程的设计文件和合同约定中包含了工程应达到的标准和要求。验收标准会参考这些文件，确保工程的实际完成符合设计和合同约定的要求。

4.先进技术和最佳实践：随着科技的发展，先进的技术和最佳实践不断涌现，这些也可能成为设定验收标准的依据。这可以是新材料、新工艺、新技术等方面的最新发展。

总体而言，土木工程项目验收标准的设定是一个综合考量多方因素的过程，旨在确保工程质量、安全、环保等方面的合规性，促进工程项目的可持续发展和社会效益。

（二）土木工程项目竣工验收标准

土木工程项目的竣工验收标准是确保工程质量、安全和功能性达到规定要求的重要依据。这些标准覆盖了多个方面，从合同约定的质量标准到各项工程的实际达成条件。

1.合同约定的工程质量标准

合同规定了承包方需遵守的工程质量要求，这些约定具有法律约束力，要求工程达到特定质量水准。违反合同规定的质量标准将导致工程不合格，无法通过竣工验收。

2.单位工程的竣工验收标准

各专业质量验收标准要求分部工程、子分部工程的质量达到一定标准，同时质量控制资料必须齐全，涉及安全和功能的检测资料也要完备。主要功能项目的抽查结果需符合专业质量验收规范，且观感质量验收需要符合特定要求。这些方面综合考量了工程的各项质量和功能性能。

3.单项工程的使用条件或生成要求

每个单项工程不仅要完工，还必须与相关配套工程整体完成，同时工程质量必须通过验收检验。只有满足生产要求或具备使用条件的单项工程才能进行竣工验收。

4.建设整体项目满足使用或生产的各项要求

全部子项工程的完成、生产性和辅助公用设施达到生产使用要求、主要工艺设备经过试运行并具备生产能力、必要设施按设计要求建成，以及生产准备工作完成并能满足投产需要。此外，还涉及环保设施、劳动安全卫生和消防系统等方面的配套建设。

这些验收标准综合考虑了工程质量、安全性、功能性以及生产可用性等多方面的要求，确保土木工程项目在竣工验收阶段达到合同约定的质量标准，并能够安全、有效地投入使用或生产。这些标准的严格遵循是确保工程质量和符合法律法规要求的重要手段。

二、土木工程项目竣工验收程序

竣工验收阶段管理应按下列程序依次进行：竣工验收准备、编制竣工验收计划、组织现场验收、进行竣工结算、移交竣工资料、办理交工手续等程序。

（一）竣工验收准备

在进行竣工验收前的准备阶段，施工单位需要按照多个法律法规和合同要求进行一系列工作，确保工程达到验收要求，整理和准备相关资料。以下是这个阶段的主要工作。

1. 完成合同约定的施工任务

按照合同规定的时间完成工程施工任务，确保施工任务按照约定完成。

2. 安全生产和文明施工验收评价

根据建筑工程安全生产管理法规，施工单位需通知建设工程安全监督站进行安全生产和文明施工方面的验收评价。这是确保工程在施工过程中符合安全生产要求的重要环节。

3. 组织竣工验收班子和落实计划

施工单位需要组织竣工验收班子，处理工程遗留的一些琐碎工作，并制订、检查和落实项目竣工收尾计划。这有助于确保整体的项目收尾工作的顺利完成。

4. 工程自检和竣工验收预约

施工单位需要对已完成的工程进行自检，确保工程质量符合验收标准。同时，需要提交竣工验收通知书，进行竣工验收的预约工作。

（二）编制竣工验收计划

编制竣工验收计划是确保验收工作有序进行的关键步骤（表10-1）。

表10-1 竣工验收计划

竣工项目名称	××高级商业综合体建筑工程
验收小组成员名单	
技术负责人	×工程师
质量检查员	×质量员
设计代表	×设计师
监理工程师	×监理
验收时间	
验收日期	2023年12月15至20日
验收持续时间	6天
验收工作程序安排	
1.前期准备	确定验收范围，收集相关文件资料，准备验收工作所需文件和表格。
2.实地检查	依据验收标准和设计文件，进行建筑物外观、内部结构、电气设备、管道等的实地检查，包括各个区域和楼层。
3.文件核对	对施工技术资料、质量保证资料、工程检验评定资料等进行文件核对。
4.会议讨论	验收小组成员举行会议讨论，审议实地检查和文件核对的结果，确保一致性和准确性。
5.编写验收报告	根据实地检查和文件核对的结果，编写竣工验收报告，并确定验收意见。
验收工作要求	
文件资料完备	施工技术资料、工程质量保证资料、工程检验评定资料等应准备完整。
实地检查翔实	对建筑物的各项细节、设备安装情况、质量符合性等进行翔实检查。
严格依据标准	验收工作要根据相关国家建筑标准、设计文件要求和合同规定执行。
实物质量检查要求	
电气设备	检查安装是否符合设计要求，是否正常运转。

续表

竣工项目名称	××高级商业综合体建筑工程
管道系统	检查管道连接、密封性和安全性。
结构稳定性	检查建筑物结构的牢固性和稳定性。

这样的竣工验收计划旨在确保建筑工程在设计要求和合同约定范围内完成，并通过实地检查和文件核对来评估工程质量和符合性。

（三）组织现场验收

在进行工程项目的交工验收阶段，主要任务是评估工程建设的完成情况、检查合同执行情况以及对工程质量进行初步评价。该阶段涉及多个重要步骤。首先，施工单位进行初步评估，确认工程已竣工并满足竣工验收的各项要求。一旦承包人确认工程已竣工并符合验收标准，需经监理单位认可并签署意见后，向发包人提交《工程验收报告》。发包人收到该报告后，按约定时间和地点组织有关单位进行现场竣工验收。在此过程中，勘察、设计、施工、监理等单位依据竣工验收程序对工程进行核查。随后，发包人根据核查结果形成《工程竣工验收报告》，要求参与竣工验收的各方负责人在报告上签字并盖上单位公章，表示对验收结论的认可和确认。

（四）进行竣工结算

进行竣工结算需要按照一系列程序和文件要求进行资料整理和报告编制。

1. 准备资料和依据

承包人在编制竣工结算报告时需要依据多份资料和文件，包括施工合同、中标投标书的报价单、施工图、设计变更通知单、施工变更记录、工程所在地的预算定额和取费定额、相关施工技术资料、工程竣工验收报告、工程质量保修书等。这些资料是确定结算范围和核对价格的重要依据。

2. 编制结算报告

在遵循规定的原则下，承包人按照单位工程或合同约定的专业项目为基础，对原报价单内容进行检查和核对。发现漏洞或计算误差时需要及时修正。若项目由多个单位工程构成，需要对各单位工程的竣工结算书进行汇总，并编制单项工程竣工综合结算书。对于多个单项工程构成的项目，还需要将各单项工程的综合结算书进行汇总，编制建设项目总结算书，并附上编制说明。

3. 审定和递交

编制完成的工程竣工结算报告和结算资料需要按规定报企业主管部门审定，并加盖专用章。在竣工验收报告认可后，在规定的期限内递交发包人或其委托的咨询单位进行审查。双方应按约定的工程款及调价内容进行竣工结算。

4. 督促审查和支付款项

项目经理应按照相关规定，配合企业主管部门督促发包人及时办理竣工结算手续。发包人需要在规定期限内支付工程竣工结算价款。

5. 归档保存

竣工结算报告和结算资料完成审查并完成款项支付后，承包人需要将工程竣工结算报告及完整的结算资料纳入工程竣工资料中，并及时进行归档保存，确保资料的完整性和长期保存。

（五）移交竣工资料

竣工资料的整理是确保工程项目顺利移交和后续运营维护的关键步骤。根据要求，这些资料应当包括多个方面的内容，涵盖了工程的全过程、质量保证、检验评定以及竣工图等重要信息。

1. 工程施工技术资料

这些资料应包含工程从开工到竣工的全过程记录，真实反映了施工的各个阶段和关键节点情况。它们应按照形成的规律进行收集整理，并以表格方式进行分类组卷。这些资料对于了解工程施工进程、解决问题和改进工艺都至关重要。

2. 工程质量保证资料

根据工程的专业特点，将质量保证相关的资料进行分类组卷。这些资料通常涉及质量控制的方案、记录、检测报告、质量问题的整改等内容，有助于验证工程质量的符合性。

3. 工程检验评定资料

这部分资料需要按照单位工程、分部工程、分项工程的顺序进行分类组卷。它涵盖了各个工程部分的检验评定报告、验收记录等内容，能够全面展示工程各部分的符合性和合格情况。

4. 竣工图

竣工图的整理应当根据竣工验收的要求进行组卷，确保其包含了必要的内容和符合标准。

在整理完成后，交付竣工验收的施工项目必须具备分类组卷档案，确保资料的完整性和清晰性。此外，承包人在向发包人移交由分包人提供的竣工资料时，也需要进行验证检查，确保这些资料的齐备性和符合性。这些要求确保了竣工资料的完整性、系统性和可审查性，对于保障工程的质量、安全和后续运营管理具有重要作用。

（六）办理交工手续

在工程项目竣工验收已经完成、竣工结算办理完毕的情况下，承包人与发包人之间的工程移交手续是重要的最后一步。签署工程质量保修书是这一程序的一部分，它明确了承包人对工程质量的保证责任。

工程质量保修书是一份文件，表明承包人对于工程质量承担一定的保修责任。其中会规定在一定的保修期限内，如果工程出现因质量问题导致的故障或问题，承包人将负责免费维修和解决相关问题。通常，保修期限根据法律、合同或行业惯例来确定，可能为数月或数年不等。

签署工程质量保修书后，项目经理部应及时撤离施工现场，并解除全部管理责任。

这意味着项目经理部和相关管理人员不再对该工程项目承担管理责任，他们的职责和义务会在签署保修书并撤离现场后正式结束。

以上流程是在竣工验收阶段对土木工程项目进行全面管理和确保质量合规的关键步骤。每个步骤的严格执行和准确完成对于保证工程项目的可靠性和安全性至关重要。

第三节　土木工程项目的交付与收尾

一、土木工程项目的交付

工程项目的交付与收尾阶段是整个工程建设过程的最后阶段，也是对整个工程的最终确认和结束。它直接关系到工程项目是否能够正式投入使用、达到预期效果以及业主能否从投资中获得期待的利益。

在竣工验收阶段，业主对竣工工程的满意程度至关重要。可能出现几种不同的竣工验收形式：首先是业主对竣工工程完全满意，满足其需求，并且接收交付工程。其次是业主对工程非常不满意，不愿接收工程，并要求承包人进行整改后再进行验收。在某些情况下，业主可能接受工程，但对其中存在的不完善之处与承包人达成减低工程价款的约定。如果这些不完善是由第三方引起的，承包人可能会向第三方提起索赔。最后，业主可能会有条件地接收工程，但要求承包人自费尽快修复瑕疵部分以满足业主的要求。在这种情况下，颁发的完工证书应明确列出需要修复的瑕疵。

不论是哪种情况下的"交付"，工程交付标志着工程施工阶段的结束和使用阶段的开始。这一阶段不仅仅是工程建设的结尾，也是项目转向新阶段的开始。工程交付后，工程项目的管理重心也会逐渐转向运营与维护。同时，这也意味着对工程项目的全面验收和确认，确保工程质量符合预期、达到设计要求，使其满足投资者和用户的需求。

工程交付阶段通常是解决一系列重要问题的关键时刻。

首先，实际交付的工程与合同约定的标准之间的明显差异是需要解决的重要问题之一。可能会出现质量不符合合同约定、功能不完善或其他不符合预期的情况。解决这种差异需要进行严谨的检查和评估，确定问题的性质和责任归属，并协商达成解决方案，可能包括重新施工、修正或减少工程款等。

其次是未解决的索赔与反索赔。在工程交付时，如果存在索赔未解决，相关各方需要至少明确如何处理。很多国家对工程索赔的时效有明确规定，可能规定了索赔需在一定时限内提出，否则可能失去索赔权利。因此，及时处理索赔是至关重要的。对于发包人和承包人而言，需要清晰了解合同规定的索赔时效，以确保在规定时限内提出索赔或做出反应。

最后是工程款结算安排。在工程交付后，发包人有责任在规定的期限内向承包人支付结算款。这些款项的支付应当依据合同条款，确保及时支付，并避免拖延或逾期。另外，工程交付后，业主开始承担保护建筑物免受意外损害的责任，如火灾、盗窃等。这意味着业主需要采取必要的措施和保障，确保建筑物在使用阶段的安全和保护。

解决这些问题需要各方之间的沟通、协商和合作。及时处理并解决这些问题是确保工程交付顺利、质量符合预期、合同履行完善的关键。同时，遵守合同约定和法律规定，确保及时行动和清晰沟通，有助于避免可能的法律纠纷和争议。

二、竣工资料移交与归档管理

土木工程项目的竣工资料移交与归档管理是确保工程文件和资料完备、规范地归档，并按照规定程序移交相关部门或机构的过程。

（一）竣工资料移交

1. 文件准备：在工程竣工后，首先需要准备竣工资料。这包括但不限于设计图纸、施工记录、验收报告、合同文件、变更通知、结算文件、保养手册等各个阶段产生的文件。

2. 整理与清点：对竣工资料进行整理、分类和清点。确保文件的完整性和准确性，以便后续的归档管理和移交工作。

3. 立卷归档：将竣工资料按照一定的标准和规范进行立卷，建立起合理的文件组织结构。每一份文件应有清晰的标识和编号，并按照工程项目的阶段、内容或类别进行归档。

4. 移交程序：确定移交程序和相关的移交表格或文件。这可能涉及移交清单、移交报告或移交凭证等，确保移交过程有记录可查。

5. 移交相关部门或机构：将归档好的竣工资料按照约定程序移交给相关的部门或机构。这可能是工程管理部门、建档机构或档案管理中心等，根据地方政策和规定而有所不同。

（二）归档管理

1. 建档管理机构：确定或选择负责档案管理的机构。这可能是专门的档案管理中心、建档单位或相关政府机构，负责接收和管理工程项目的归档资料。

2. 归档要求：根据归档管理机构的要求和标准，将移交的竣工资料按照其规定的档案管理体系进行归档。这包括文件的整理、存储、编号、标识和电子化管理等。

3. 档案管理流程：设定合理的档案管理流程，包括文件的存储位置、检索方式、保密性和档案更新机制等。确保归档文件的安全性和可追溯性。

4. 保管期限和处理：根据相关法规和规定，确定归档文件的保管期限。一旦保管期限到达，按照规定程序对文件进行处理，可能包括归档延期、销毁、转移等。

5. 定期审查和更新：定期对归档文件进行审查和更新，确保文件的完整性和时效性。对需要更新或补充的文件进行及时处理和管理。

土木工程项目的竣工资料移交与归档管理是确保工程信息完整、准确地记录下来，并能被安全地保管和检索的重要环节。这个过程需要严格按照规定程序和标准进行，以确保工程文件的合规性和可追溯性。

三、交付后的保修与回访

（一）工程项目质量保修

工程项目质量保修是在工程竣工验收后，在一定保修期内对可能出现的质量缺陷或问题，由施工单位按照法律或合同约定进行修复的责任。质量保修书在工程竣工验收报告提交时一并提供，其中明确了保修范围、期限、保修金、责任及维修费用等方面的条款。

1. 保修期限

我国根据建筑物不同部位的使用年限，规定了不同的保修期限。最低保修期限由设计文件规定，一般性建筑为 50 年，纪念性建筑为 100 年。其他具体分项工程的保修期限可由发承包双方在招投标或合同中协商确定。保修期限从工程通过验收之日起计算。

2. 工程质量保修金

工程质量保修金是指承包合同中约定的一部分工程款（通常为 3%~5%）用于保证承包单位在保修期内修复工程质量问题的资金。保修期一般为 6 个月、12 个月或 24 个月，具体可由合同约定。在合同中需明确保证金的预留、返还方式、利息计算方式、缺陷责任期限、争议处理程序等事项。

3. 工程质量保修责任

质量保修责任的划分原则是"谁造成的问题谁承担"。保修期内出现质量缺陷，施工单位承担修复责任。如果施工单位不履行保修责任，建设单位可委托其他单位进行修理，并要求原施工单位承担相应责任。

4. 维修费用的承担

根据不同情况和责任划分，维修费用由责任方承担。如果施工不符合国家规范导致质量问题，修理费用由施工单位承担；如果是设计原因，由设计单位承担相应责任，施工单位负责修复并向设计单位索赔；材料设备问题按采购责任方承担，若属于建设单位采购则由建设单位负责。

综合以上，工程质量保修是工程竣工验收后的重要环节，涉及保修期、保修金、责任划分和费用承担等方面。保修责任严格按照责任方负责原则执行，确保在保修期间出现的质量问题能得到及时有效的修复和解决，最终保障工程质量和建设单位的权益。

（二）工程项目回访

在土木工程项目管理中，回访是施工单位在工程保修期内对已交付的工程进行的关键性活动。这个过程旨在通过定期检查和与使用单位的沟通，了解他们对工程质量的评价和提出的改进建议。回访的重要性体现在于能够及时发现问题并解决，有助于持续提升管理水平和企业信誉。具体而言，回访方式多样，包括季节性回访和技术性回访。季节性回访关注于不同季节下工程的特定问题，比如雨季时房屋防水情况的检查以及冬季采暖系统的运行状况。技术性回访则侧重于评估工程中使用的新材料、新技术、新工艺和新设备的实际表现和效果。此外，在保修期结束前的回访至关重要，它标志着保修期即将结束，提供最后的检查，以确保在保修期结束后，业主单位能够理解并承担建筑物的维修责任。回访的方式涵盖座谈会和实地检查。座谈会由业主单位组织，施工单位参与，用于收集业主单位的反馈意见和问题。同时，实地检查则是直接观察工地或建筑现场的状态，以确保工程质量符合预期标准。对于大中型项目或存在质量问题的项目，派遣常驻代表进行定期观察，有助于及时发现和反馈问题。通过这些回访方法，施工单位能够与业主单位建立良好的合作关系，及时解决问题，不断改进工程质量管理，提升企业的市场竞争力和服务水平。这种定期的回访和交流，有助于建立良好的企业形象，并提升施工单位的服务质量，从而在工程建设领域中赢得更多的信任和认可。

参考文献

[1] 姚亚锋,张蓓.建筑工程项目管理[M].北京:北京理工大学出版社,2020.

[2] 周合华.土木工程施工技术与工程项目管理研究[M].北京:文化发展出版社,2019.

[3] 邢岩松,陈礼刚,霍定励.土木工程概论[M].成都:电子科技大学出版社,2020.

[4] 吴渝玲.建筑工程项目管理[M].哈尔滨:哈尔滨工业大学出版社,2017.

[5] 刘小平.建筑工程项目管理[M].北京:高等教育出版社.2002.

[6] 马纯杰.建筑工程项目管理[M].杭州:浙江大学出版社.2007.

[7] 徐广舒.建设法规[M].北京:机械工业出版社,2017.

[8] 田元福.建设工程项目管理[M].北京:清华大学出版社,2010.

[9] 王芳,范建洲.工程项目管理[M].北京:科学出版社,2007

[10] 张守健,许程洁.施工组织设计与进度管理[M].北京:中国建筑工业出版社,2001.

[11] 任宏等.工程项目管理[M].北京:高等教育出版社,2005.

[12] 陈群.建设工程项目管理[M].北京:中国电力出版社,2010.

[13] 王辉.建设工程项目管理[M].北京:北京大学出版社,2014.

[14] 师卫锋.土木工程施工与项目管理分析[M].天津:天津科学技术出版社,2018.

[15] 尹素花.建筑工程项目管理[M].北京:北京理工大学出版社,2017.

[16] 张猛,王贵美,潘彪.土木工程建设项目管理[M].长春:吉林科学技术出版社,2021.

[17] 王琳琳,郑养民.关于土木工程项目管理的探索[J].建材发展导向,2020,18(7):58.

[18] 徐红卫.建筑工程施工项目成本管理与控制[D].天津:天津大学,2014.

[19] 张忠.绿色施工项目组织与管理方法研究[D].沈阳:沈阳大学,2014.